土木工程科技创新与发展研究前沿丛书

国家自然科学基金（51108092、51578160）联合资助

高层建筑结构三维隔震与抗倾覆

颜学渊　著

U0351640

中国建筑工业出版社

图书在版编目（CIP）数据

高层建筑结构三维隔震与抗倾覆/颜学渊著. —北京：
中国建筑工业出版社，2018.12
（土木工程科技创新与发展研究前沿丛书）
ISBN 978-7-112-22913-0

Ⅰ.①高… Ⅱ.①颜… Ⅲ.①高层建筑-建筑结构-
隔震-研究 Ⅳ.①TU352.12

中国版本图书馆 CIP 数据核字（2018）第 254634 号

本书以隔震结构为研究对象，系统介绍了高层建筑结构三维隔震和抗倾覆的理论和技术。

本书依托国家自然科学基金项目（51108092、51578160）和福建省自然科学基金项目（2011J05127），总结了作者从事科研工作十余年来在高层建筑结构三维隔震和抗倾覆方向的研究成果。在理论上，主要介绍了振动控制的分类、三维隔震抗倾覆装置的设计，并采用了有限元数值模拟分析、力学性能试验、振动台试验等进行验证，同时介绍了大高宽比结构的实际动力响应。在实际应用上，讨论了隔震结构性能水准和设防目标、三维隔震结构性能指标的确定和量化，以及隔震结构基于性能的设计流程，并进行了实例验证。

本书理论分析与工程实践相结合，可供从事结构抗震和防震减灾的科研人员、结构设计人员使用，也可作为土木工程相关院校研究生等的辅助教材。

责任编辑：赵　莉　吉万旺
责任校对：王雪竹

土木工程科技创新与发展研究前沿丛书
高层建筑结构三维隔震与抗倾覆
颜学渊　著

*

中国建筑工业出版社出版、发行（北京海淀三里河路 9 号）
各地新华书店、建筑书店经销
北京佳捷真科技发展有限公司制版
北京建筑工业印刷厂印刷

*

开本：787×960 毫米　1/16　印张：7¾　字数：156 千字
2018 年 12 月第一版　2020 年 8 月第二次印刷
定价：35.00 元
ISBN 978-7-112-22913-0
（33011）

序

青年学者颜学渊副教授师从国家级教学名师哈尔滨工业大学王焕定教授，在其攻读博士学位期间，从事结构隔震和减震方向科学研究，取得突出的研究成果。于 2009 年入职福州大学，在我的课题组继续从事结构隔震减震和防灾减灾等领域的科学研究。在这期间，他对工作非常敬业，对科学研究锲而不舍。近十年来，颜学渊副教授在结构隔震和减震相关科学问题的研究上做了不少有价值的工作，作为课题组的负责人和同事，对于他在研究工作中取得的进展和贡献我深感自豪和欣慰。

地震给人类社会造成巨大的生命财产损失，传统的抗震方法有效但不经济，或者在某些情况下可能造成更严重的损失；隔震技术性价比高，可以极大地提高建筑物的安全储备；随着建筑结构技术的发展，隔震技术越来越多地应用于高层建筑，加之考虑地震动的多维特性，抗倾覆是一个突出的问题。因此，开展该问题的研究具有重要的科学意义、前沿性和实用价值。

颜学渊副教授在攻读博士期间就高层建筑结构三维隔震与抗倾覆问题做了开创性研究，在其参加工作后仍坚持不懈地在这一方向开展科学研究，并在这一领域连续培养了多位硕士研究生，综合上述研究工作形成了《高层建筑结构三维隔震与抗倾覆》一书。该书层次分明，自成体系，详细阐述了三维隔震抗倾覆装置的工作机理、性能试验、理论设计方法和有限元数值模拟，介绍了三维隔震抗倾覆系统的振动台试验和动力响应，介绍了高层三维隔震结构基于性能的设计分析。颜学渊副教授在这一领域的开创性研究和长期不懈的坚持，实属难得，也正因为我对其在这一领域的研究工作非常了解，感到有必要向读者推荐，便欣然为序。

《高层建筑结构三维隔震与抗倾覆》一书特色鲜明，内容新颖。在承袭传统结构隔震理论与方法的基础上，凝聚了作者多年来在这一领域的最新研究成果。该书融理论与试验及数值分析于一体，是一本很值得一读的著作，它的出版必将为高层建筑结构隔震技术的应用和发展发挥重要作用。

祁 皑

2018 年 6 月 20 日

前　言

隔震技术是一种机理简明、成本低、构造简单且易于维护的结构被动控制技术。其抵抗地震的有效性得到多次实际地震的检验。在中国，隔震技术自20世纪90年代以来逐步发展，2008年汶川地震后得到重视而迅速推广，国内目前已建设有不少于5000栋的隔震建筑。各种隔震相关的技术标准和规范正在编制或已实施，如：新修订的《建筑隔震橡胶支座》JG 118于2017年顺利通过审查，《建筑隔震设计标准（征求意见稿）》已向各单位征求意见。随着隔震技术的发展以及高层建筑的大量建设，高层建筑采用隔震技术将成为一个必然的趋势。地震动具有多维特性，对建筑物进行三维隔震是当前的一个研究热点；高层建筑采用隔震技术特别是三维隔震技术后，倾覆问题成为一个影响结构安全性和舒适性的重要因素。作者结合承担的国家和福建省自然科学基金项目的研究，较系统地总结了课题组在这一领域的研究成果，希望能对高层建筑结构的三维隔震和抗倾覆理论与技术的发展起到促进作用。

本书是作者在总结从事科研工作十余年以来在高层建筑结构三维隔震和抗倾覆方向研究成果的基础上编写而成的。全书共分为7章，第1章介绍了结构振动控制的分类及相关概念，叙述了基础隔震、三维隔震、隔震结构抗倾覆和隔震结构基于性能的研究进展。第2章介绍了3种三维隔震抗倾覆装置的构造、加工及功能，并进行了三维隔震抗倾覆装置的水平和竖向的分体和整体性能试验。第3章阐述了三维隔震抗倾覆装置的理论设计依据，介绍了三维隔震抗倾覆装置的有限元数值模拟分析。第4章叙述了安装有碟形弹簧三维隔震抗倾覆装置的高层模型钢结构的地震模拟振动台对比试验。第5章介绍了考虑三维隔震的大高宽比结构的实际动力响应。第6章介绍了隔震结构性能水准及设防目标、三维隔震结构性能指标的确定和量化，以及高层三维隔震结构基于性能的设计流程。第7章介绍了基于性能的高层三维隔震结构的设计分析实例。

本书集成了作者博士研究期间的部分成果和多位所指导研究生的研究成果，在取得这些研究成果过程中，作者得到了许许多多的帮助。在本书完稿之际，作者要感谢哈尔滨工业大学王焕定教授，广州大学张永山教授和魏陆顺教授，福州大学祁皑教授，感谢各位同门和课题组师生的付出和支持。

本书的完成得到以下项目的支持：国家自然科学基金项目（51108092、51578160），福建省自然科学基金项目（2011J05127），在此也表示衷心的感谢。

作者虽长期从事结构隔震减震的科学研究，但限于知识面的局限，且成书时间仓促，书中难免存在疏漏之处，敬请读者批评指正。

颜学渊

2018年6月

目　　录

第 *1* 章

绪　论

1.1 引　言

对建筑来说，地震是一种外部作用，而导致灾害的发生是由于建筑本身存在不足，要减轻和消除灾害应从建筑本身来进行研究。传统抵抗地震的方法是通过加强结构的途径来提高结构的抗震能力，但是地震发生的概率不大、持续时间也短，用这种方法抵抗地震容易造成较大的浪费。在地震中建筑物由于承受过大的加速度、速度和变形，而造成破坏，难以维持建筑物的功能，导致了巨大的震后维修费用。各国学者和工程师经过不断的努力，开辟和发展了工程结构减震控制这一崭新的领域。结构减震控制体系通过调整结构动力特性，大大减小了结构在地震（或者强风）中的震动反应，从而保护结构以及结构内部的设备、仪器、网络和装饰物等不受损坏，或者在其他外干扰力作用下使结构满足更高的减震要求。该体系已越来越广泛地被应用于工程结构的抗震抗风和减震（振）等领域，显示出了显著的减震（振）效果、社会效益和经济效益。

隔震结构一般是在结构基础和上部结构之间设置隔震层，隔震层中设置隔震支座和阻尼器等装置。隔震支座能够稳定支承建筑物的重量，随建筑物的水平变形而发生设计容许范围内的变形，且具有一定的弹性恢复力；阻尼器能够吸收输入的地震能量。即使遭受罕遇地震，隔震结构也能维持上部结构的功能，确保建筑物内部财产不遭受损失，保障生命安全。由于地震动的多维特性，对一些位于高烈度区和震中附近的重要建筑和基础设施，考虑竖向地震分量并进行三维基础隔震是非常必要的。已有的研究表明，在三维地震动作用下，结构反应比仅考虑一维地震动作用的结构反应大得多[1]。各国学者都在不遗余力地进行三维基础隔震研究，试图解决这一难题。我国学者也提出了一些三维隔震装置，在相关方面也做了一些研究，总的来说这一方向的研究仍处于初步阶段，三维隔震的理论研究及其装置的研发将拓宽基础隔震的适用范围。

对于在高烈度区和大高宽比的隔震结构，隔震技术的推广受到了限制。地震中，隔震结构有发生倾覆的危险，倾覆问题是建筑结构设计的重要环节，结构抗倾覆力矩应大于倾覆力矩。通常验算倾覆的方法是先算出各层的水平地震力并对底部倾覆点取矩得到倾覆力矩，再由建筑物的重力对倾覆点取矩得到抗倾覆力矩，并由此来研究各个地震烈度下隔震结构的高宽比限值。近年来已有这方面的相关研究和文献，但是仍然不能把隔震技术推广到大高宽比结构和高烈度区。基础隔震建筑通过设置隔震装置来保护上部结构不受损坏，但在长周期或强烈地面运动作用下会使隔震支座变形过大而导致隔震支座失稳破坏。在这种情况下，当通过建筑物的重力对倾覆点取矩得到的抗倾覆力矩不足以抵抗地震力对倾覆点取矩得到的倾覆力矩时，研究通过什么方法、采取什么样的方式增加抗倾覆力矩以确保建筑物不遭到破坏将会带来巨大的经济和社会效益。

《建筑抗震设计规范》GB 50011—2010 作为结构设计的标准，把保障生命安全作为基本的设计目标，考虑的只是在地震中保证结构稳定以及人类生命的安全，却没有把大震甚至中小地震发生时，地震对结构造成的直接或者间接经济损失考虑其中，而这种对结构破坏造成的经济损失不仅超过了设计人员的预期，也超过了社会和人类所能接受的范围。就算是采用隔震技术来减小或者隔离地震对结构的损坏，对于结构内部设备的保护也考虑较少，且没有把地震发生时结构提供给人们的舒适性指标考虑其中。对于三维隔震高层结构，需要开展关于基于性能设计和分析的研究。提出结构性能的设计将具有重要的理论意义和实用价值。

1.2 结构振动控制分类

地震发生时，地面运动引起结构的地震反应。对于基础固结于地面的结构，其地震反应沿着高度从下到上逐层放大。由于结构遭受物某部分的地震反应（加速度、速度或位移）过大，使主体承重结构遭受严重破坏，甚至倒塌；或者虽然主体结构未破坏，但建筑饰面、装修或其他非结构配件等毁坏而导致严重损失；或虽然主体结构及非结构配件未损坏，但室内的昂贵仪器、设备的破坏导致更严重的损失和次生灾害。为了避免上述灾害，人们必须对结构体系的地震反应进行控制，并消除结构体系的"放大器"作用。结构振动控制能有效减轻结构在地震、风、海浪等动力作用下的反应和损伤，显著提高结构的抗震性能和抗灾能力，是结构抗震减震和防灾减灾积极有效的方法。其研究和应用大体上可以分为以下几个领域：被动减震控制、半主动控制和混合控制，以及主动与智能控制。

1.2.1 被动减震控制

结构被动减震控制一般是指不依赖外部能源，在结构的某个部位附加控制装置或构件，或者对结构自身的某些构件做构造上的处理以改变结构体系的动力特性。这种方法通过结构构件之间、结构与辅助系统之间相互作用而消耗振动能量，从而达到减震的目的。被动控制由于无需外部能源或动力，构造简单，成本低廉，易于维护而成为当前应用开发的热点。但是这种控制方法只对某种设定的地震动特征进行控制，缺乏跟踪控制和调节的能力，若输入地震动大大偏离预先设定，控制效果将极大地减弱。

被动控制按照其减震机理可以分为：隔震、耗能减震和吸振减震三大类。

1. 隔震

隔震即隔离地震。我们通常所说的隔震指的是基底隔震，即在结构底部，一般是在结构与基础之间，设置由隔震器、阻尼器等组成的隔震层，减少地震能量向上部结构的传递，降低上部结构的地震反应。隔震层也可以设置在中间楼层或顶层形成层间隔震和屋顶隔震。

基底隔震是在"柔性底层结构"的基础上发展而来的，一般适用于短周期的中低层建筑和刚性结构。随着经济社会的进步，结构越来越向高层发展，相对于中低层隔震建筑，在隔震层造价增加不很显著的情况下，高层隔震无疑具有更好的经济性。但是由于高层建筑结构高宽比较大，进行基底隔震后更容易倾覆。所以如果要对高层建筑结构进行基底隔震，尤其是在高烈度区，需要设置相应的抗倾覆装置。基底隔震通常有以下几种方法：（1）叠层橡胶垫隔震；（2）滑动摩擦隔震；（3）短柱隔震；（4）滚珠滚轴隔震。

2. 耗能减震

耗能减震技术是把结构物中某些构件设计成耗能减震部件或在结构物的某些部位设置阻尼器。在风荷载和小震作用下，耗能构件和阻尼器处于弹性状态，结构体系具有足够的抗侧移刚度以满足正常使用要求；在强烈地震作用时，耗能构件或阻尼器率先进入非弹性状态，大量耗散输入到结构中的地震能量，使主体结构避免进入明显的非线性状态，从而保护主体结构免遭破坏。耗能减震技术因其减震效果好、构造简单、造价低廉、适用范围广、维护方便等特点，越来越受到各国学者和工程师的重视。耗能装置按其耗能机理不同可以分为：（1）金属耗能器；（2）摩擦耗能器；（3）黏滞耗能器；（4）黏弹耗能器。耗能减震技术既适用于新建工程，也适用于已有建筑物的抗震加固、改造；既适用于普通建筑结构，也适用于抗震生命线工程。

3. 吸振减震

吸振减震技术是在主体结构中附加子结构，使结构的振动发生转移，即使结构的振动能量在原结构和子结构之间重新分配，从而达到减小结构振动的目的。

吸振减震装置主要有：（1）调谐质量阻尼系统（TMD）。TMD是目前高层建筑和高耸结构振动控制中应用较早的结构被动控制装置之一。TMD系统是一个由弹簧、阻尼器和质量块组成的振动系统。它对结构进行振动控制的机理是：当结构在外部激励作用下产生振动时，带动 TMD 系统一起振动，TMD 系统相对运动产生的惯性力反作用到结构上，调谐这个惯性力，使其对结构的振动产生控制作用，从而达到减小结构振动反应的目的。（2）调谐液体阻尼系统（TLD）。TLD 的减震原理与 TMD 颇为相似，不同的是 TLD 的响应通常由于液体晃动和阻尼孔的存在而表现为高度的非线性。将 TLD 安装在结构上，当结构受到载荷作用并产生振动时，TLD 中的液体发生振荡，继而将动水压力作用于刚性容器并传递给结构，从而对结构运动产生影响。（3）液压-质量控制系统（HMS）。（4）空气阻尼器和质量泵等。

1.2.2　主动与智能控制

1. 主动控制

主动控制就是应用现代控制技术，对输入地震动和结构反应实现联机实时跟踪和预测，再按照分析计算结果应用伺服作动器对结构施加控制力实现自动调节，使结构在地震过程中始终定位在初始状态附近，达到保护结构免遭损伤的目的。

主动控制的主要特点是应用现代控制技术和外部能源对结构施加控制力。由于实时控制的控制力可以随输入地震而改变，控制的效果基本上不依赖于地震动的特性。对于提高建筑物抵抗不确定性地面运动的能力，直接减少输入的干扰力，以及在地震发生时连续、自动调整结构动力特性等方面均优于被动控制。

结构主动控制理论的研究是以各种控制算法为主线，采用计算分析和模拟方法研究主动控制的可行性、结构在不同控制律控制下对不同输入的响应、控制系统的时滞效应和时滞补偿、控制参数对控制效果的影响、结构参数的不确定性及控制结构与结构的相互作用对控制效果的影响等问题。主动控制系统的算法是指控制系统的输入与结构体系的反应状态或控制系统的输出之间的关系。土木工程结构振动控制的主动控制算法有：极点配置、线性二次型经典最优控制、线性二次型 Gauss 最优控制、瞬时最优控制、模态控制、滑移模态控制、H2 和 H∞控制以及模糊控制等。

主动控制系统主要由信息采集系统（传感器）、计算机控制系统（控制器）与主动驱动系统（作动器）等三部分组成。主动控制系统主要有：主动质量阻尼器、主动质量驱动器、主动拉索系统、主动挡风板和脉冲发生器等。

2. 智能控制

机敏结构最早由日本学者提出，它的特点是利用机敏材料例如压电材料、光导纤维、电流变（ER）、磁流变（MR）、磁致伸缩材料和记忆合金（SMA）等实现结构系统对环境的自适应能力。而智能结构的说法更早由美国学者提出和使用。与机敏结构类似，智能结构也是利用机敏材料特性、计算机技术、微电子和现代控制理论等对结构进行智能控制，使结构可以感知环境和自身特性，采用最优控制策略作出合理响应，目前更多的是使用智能结构的说法。

对智能控制的研究主要分为对控制器和驱动器的研究。控制器相当于人的大脑，是智能控制系统的神经中枢。由它根据结构的瞬时振动反应，依据一定的控制策略去调整驱动器的瞬时参数，以实现减小结构振动反应的目的。在结构振动控制领域的应用研究主要集中在神经网络控制、模糊逻辑控制、进化算法以及三者的相互结合上。驱动器相当于人的四肢，它可以根据智能控制算法的计算结果，由控制器发出对应的指令，从而对结构施加控制力或位移，以抵抗结构的动力反应。驱动器所选用的智能材料一般有压电陶瓷、形状记忆合金、磁致伸缩材料和电（磁）流变材料等。

1.2.3 半主动控制和混合控制

1. 半主动控制

半主动控制兼有被动控制和主动控制的优点，它以被动控制为依托，以较小的能量对控制状态进行切换，来获得较好的控制效果。

被动控制具有构造简单、造价低、易于实现和高可靠性等优点，但控制效果有一定局限性；主动控制可以达到很好的控制效果，但技术要求高、造价也高，特别是需要输入大量能量，这往往很难在实际工程中实现。为此，提出了半主动控制。半主动和主动结构控制都是借助于一定外部能源输入以使控制系统产生动作而控制和修正结构的运动，但半主动系统与主动系统不同，其仅需要极小的能量来调节它们的力学特性，而且也不对结构输入能量。

半主动控制技术的关键是半主动控制装置和控制理论。半主动控制装置主要有：半主动变刚度控制装置（AVS）、半主动变阻尼控制装置（AVD）、半主动隔震装置以及可变摩擦控制装置等。半主动控制在理论上要解决的问题与主动控制类似，核心是控制算法的研究。目前采用的半主动控制算法可以分为两大类：一是直接采用主动控制算法，在施加作用力时，主动调节可变参数器，使其提供的控制力满足要求；二是根据半主动控制的特性直接提出控制算法。

2. 混合控制

混合控制就是在结构中同时应用两种以上不同的控制方法，以减少结构在外部作用下的动力响应，提高结构的抗震、抗风能力。

混合控制充分发挥了各种控制方法的优点，使主动控制提供较小的控制力就可以有效地减小结构的振动，具有较好的控制效果，拓宽了控制系统的应用范围。目前提出的混合控制方法主要有同时采用 AMD 和 TMD 的混合控制系统、主动控制和基础隔震相结合的混合控制系统、主动控制和耗能装置相结合的混合控制系统。

1.3 基础隔震的研究进展

隔震的本质作用就是使结构或部件与可能引起破坏的地震地面运动或支座运动分离，尽可能隔离震动源的能量向需隔震的系统传递。这种分离是通过增加系统的柔性和提供适当的阻尼来实现的。隔震在很大程度上减小了地震能量向上部结构或构件的传递，结构的加速度反应一般要比地面加速度小。阻尼装置又消耗掉一部分输入的地震能量，使传递到隔震结构上的能量进一步减小。

近年来由于技术的进步，隔震支座的竖向承载力有很大提高，扩大了隔震技术的应用范围。在 20 世纪 90 年代后期，专家学者逐渐对高层隔震结构、超高层隔震结构和塔型等大高宽比隔震结构体系进行了研究，隔震技术得到越来越广泛的应用。日本日建设计、藤田公司、竹中工务店等建筑公司先后进行高层或超高层隔震结构体系的相关研究并尝试在工程中进行应用。基础隔震结构已经纳入中国、美国、日本等许多国家的设计规范。我国《建筑抗震设计规范》GB50011—2010 中专门设置一章"隔震和消能减震设计"和颁布了《叠层橡胶支座隔震技术规程》和《建筑隔震橡胶支座》产品标准，这说明我国隔震技术的主要技术规范已基本形成，这对有序、健康地推动隔震技术发展起到了积极的保证作用。目前，我国正处在隔震技术的推广期，隔震建筑已达 5000 栋。

我国的隔震技术研究虽起步较早，但理论、试验研究与设计方法及工程应用严重脱节，多数成果集中在理论和试验研究阶段。目前，只有采用叠层橡胶隔震支座的基础隔震结构的成果较为系统，但隔震技术的应用范围受到严格限制，这使得隔震结构的优越性未得到充分发挥。我国《建筑抗震设计规范》GB 50011—2010 规定隔震技术一般适用于Ⅰ、Ⅱ、Ⅲ类建筑场地的结构，虽然取消了要求结构自振周期小于 1.0s 的限制，但还是在其他多个方面对隔震结构的应用进行了限制。

1.4 三维隔震的研究进展

传统观点认为，水平地震力对结构的破坏起着决定性的作用，在一般的结构设计和计算中较少考虑竖向地震作用。但是地震震害现象表明，在高烈度地震区（尤其是震中区），核电站、生命线工程和高耸结构等一些重要或特殊建（构）筑物，地震动竖向加速度分量对其破坏状态和破坏程度的影响不容忽视。如 2008 年的汶川卧龙地震动记录，地面的竖向加速度峰值几乎等于水平加速度峰值，这表明竖向地震动的破坏性是很严重的[2]。《建筑抗震设计规范》GB 50011—2010 规定 "9 度时和 8 度且水平向减震系数不大于 0.3 时，隔震层以上的结构应按设防烈度进行竖向地震作用的计算"。目前对隔震技术的研究主要集中在水平隔震上。由于结构竖向刚度大，其竖向固有周期与竖向地震动卓越周期相近，因而结构的竖向振动特性值得关注和研究。因此，研究开发同时隔离地震动水平分量和竖向分量的三维隔震装置就显得极为重要和迫切。

Kitamura 等试验研究了由普通橡胶支座和碟形弹簧支撑隔震器组成的隔震系统[3]。Kageyama 等研发了钢丝加强型空气弹簧三维隔震系统，并进行了 1∶4.5 模型的振动台试验研究[4]。日本清水于同一时期开发了由普通橡胶隔震支座和空气弹簧组成的新型三维基础隔震系统。该系统的特色是采用了油压系统来抑制结构的摇摆，并进行了振动台试验，试验证明采用该系统的隔震结构的摇摆角控制在千分之一以内[5]。

唐家祥在国内率先提出采用减少橡胶支座竖向刚度的途径来研究竖向隔震问题，但橡胶支座作为竖向支撑元件，须有足够的刚度保证结构的竖向变形在容许范围之内以及拥有足够的稳定性。鉴于此，橡胶支座的竖向阻尼性能较差，其竖向刚度也只能在有限的范围内调整减小其刚度，因而未对隔离竖向地震效果产生显著影响。

熊世树提出了一种由铅芯叠层橡胶支座和碟形弹簧支座串联而成的三维隔震支座。其中铅芯叠层橡胶支座用于水平隔震，碟形弹簧支座用于竖向隔震，并分别对该三维隔震支座的刚度和阻尼性能进行静力试验和动力试验[6]。魏陆顺等研究了由水平隔震支座、竖向隔震支座和连接件构成的新型三维隔震支座。竖向刚度和水平刚度的减小促使竖向基频和水平基频远离了地铁和铁路地震动的主频。该三维隔震支座应用在某一地铁平台上部结构中，并对该类型支座进行了竖向性能和水平性能的试验[7]。李雄彦设计了一种新型的 "摩擦-弹簧三维复合隔震支座"，并利用振动台对支座的隔震性能进行研究，依据试验结果建立了理论计算模型，最后将其应用于三维地震响应较为强烈的大跨结构中[8]。赵亚敏等提出并设计了一种由铅芯橡胶支座和组合式碟形弹簧组合形成的新型组合式三维隔震支座，并对其进行了性能试验。采用不同地震动输入来研究该三维隔震模型振动台试验[9]。颜学渊等提出了本书应用的具有抗倾覆性能的三种三维隔震抗倾覆装置，并分别对该三维隔震抗倾覆装置进行了力学性能试验研究[10,11]。对一高层钢框架结构安装碟形弹簧三维隔震抗倾覆支座，进行了三向地震动激励的振动台试验研究，研究证明该装置都能够较好地减小结构的三向地震反应[12]。

三维隔震装置一般主要有两种形式，一种是整体式，例如采用厚橡胶层橡胶隔震支座，利用小的竖向和水平向刚度进行三维隔震；另一种是组合式，水平向隔震采用普通叠层橡胶支座，竖向隔震采用承载力大的碟形弹簧，或者承载力较小时采用螺旋弹簧（也可用于设备隔震）等，再配置阻尼装置进行耗能。

1.5 隔震结构抗倾覆的研究进展

近年来人们逐渐将隔震技术应用于高层建筑中，随着隔震结构高度的增加，隔震结构的倾覆问题越来越突出，倾覆问题的存在限制了隔震技术在高层建筑结构中的推广应用。理论和实践表明，隔震结构的高宽比是影响隔震结构抗倾覆性能的重要因素。隔震结构的高宽比越大，结构的抗倾覆性能越差。目前橡胶垫隔震是应用最为广泛的，但是其存在竖向抗拉能力差的特点，因而对于大高宽比隔震结构，隔震层支座受拉进入屈服阶段，容易导致结构整体出现倾覆破坏。满足隔震层边缘橡胶垫不受拉力以及隔震层边缘橡胶垫所受压力不超过橡胶垫的极限抗压强度这两个条件，就可以保证在地震动力荷载作用下整体结构不倾覆。由于隔震层刚度较小，在地震作用下，三维隔震结构竖向变形大，结构会有摇摆反应，随着地震动幅值的增大，结构更易于倾覆，这就要求三维隔震装置或结构体系必须具有一定的抗倾覆性能。

日本的 Takenaka 公司通过在橡胶中加入碳来生产具有很高抗压和抗拉能力的高强橡胶支座。该支座极大地改善了隔震结构的抗倾覆能力。日本的一座 93m 基础隔震建筑物就在隔震层四周布置了 26 个这种高强橡胶支座。Takenaka 公司提出了一种采用直线式滑动支座抵抗倾覆力矩的措施。这种支座具有上下两层方向正交的轨道，轨道的摩擦力很小，抗拉能力很强。日本东京一座 30 层建筑中安装了这种支座。熊仲明等研究了采用滑移隔震的隔震结构体系的抗倾覆稳定性，滑动面摩擦系数决定的惯性力是整个隔震体系倾覆的主要原因之一[13]。李宏男等分析和总结了场地条件、地震动峰值、上部结构刚度、隔震层刚度、橡胶垫布置等因素对隔震结构高宽比限值的影响[14]。在保证隔震结构不倾覆的前提下，祁皑等对采用橡胶支座的基础隔震结构的高宽比限值展开了深入细致的研究[15]。祁皑等采用添加竖向钢筋的构造措施来提高隔震结构的高宽比限值，并对该措施的可行性进行了详细、系统的论证和验证[16]。王伟刚等阐述了考虑竖向地震作用的结构高宽比限值的简化计算方法[17]。付伟庆等通过对高宽比为 5 的隔震结构的振动台试验研究为隔震设计提供了试验依据[18]。颜学渊等通过对三维隔震抗倾覆支座进行性能试验和结构振动台试验表明该装置具有较为理想的隔震和抗倾覆性能[10-12]。

《建筑抗震设计规范》GB 50011—2010 中关于隔震的一般规定和设计要点中

并未涉及隔震结构抗倾覆的内容，因此进一步详细地研究这方面内容具有重要的理论和实践意义，可促进隔震技术在高层建筑结构的推广应用。

1.6 隔震结构基于性能的研究进展

根据设计规范来保证生命安全是当前抗震设计与房屋建设的基本目标，在地震作用下，结构也许不会出现严重损坏或者不会崩塌，因而确保了人类的生命安全。但是设计规范却没有重视地震破坏所带来的严重经济损失，或者这种损失给社会所带来的危害性以及对社会的不良影响。美国相关的专家和学者已达成统一意见，认为当前用于结构设计的抗震规范应当进行改进和补充，并开始提出了在不同地震水平下，对应不同分类设防目标建立基于性能的设计思想。在 ATC-40 中规定，把基于性能的抗震设计思想正式纳入到 ATC-40 报告中，作为基于性能结构设计的理论依据。1995 年，日本遭受阪神和神户两个大地震的重大地震灾害，同年，日本推出了有关结构性态设计的基本框架，目的是建立一个重要的基于性能的结构设计方法，为后续的开发项目和结构设计做理论基础研究[19,20]。

在我国一些常用的设计或者技术规范中，仅《建筑抗震设计规范》GB 50011—2010 对性能设计的方法有较简单的提及和粗略的介绍。针对结构性能设计而编写的《建筑工程抗震性态设计通则》CECS 160—2004 也并非是建筑设计中的强制性规范，仅仅作为性能设计的一个参考，影响力较小。我国的抗震设计规范中三水准的设防目标，其实已经包括了一些基于性能的抗震设计思想，如果按当前提出的基于抗震性能设计目标的高低来划分，抗震设计只能算是最低的功能标准，即仅仅是考虑结构安全和生命安全为目的制定的规范。

Ismail 等对安装一种新的 roll-n-cage 隔震支座的隔震结构进行性能分析，数值模拟得出新的隔震支座可以大幅度衰减结构设备的响应，从而使得隔震结构在运行的过程中表现强大的性能[21]。Abrishambaf 等研究了隔震支座阻尼和刚度对结构抗震性能的影响，对 3、6、9 层的隔震结构进行地震作用下的性能分析，旨在明确不同隔震支座刚度和不同阻尼对隔震结构抗震性能的影响[22]。郭永恒研究了隔震结构基于性能的设计方法，表明通过合理设置隔震层的各参数，对于一般建筑，实现基础隔震结构"多遇地震作用下达到充分运行、设防地震作用下达到基本运行、罕遇地震作用下达到保证生命安全"或者高一级的"设防地震作用下确保结构达到充分运行、罕遇地震作用下确保结构达到基本运行"的设防目标是可以实现的[23]。赵玉成和朱海华分别对基于性能的隔震加固实用设计方法和基于性能的隔震结构非结构构件抗震性能做了研究，分别提出了在性能设计中相关的设计分析方法[24,25]。胡继友对基于性能的摩擦摆基础隔震结构的抗震性能做了研究，对一幢 7 层摩擦摆基础隔震结构进行了抗震性能评估，对时程分析法和能力谱法这两种不同的方法进行对比[26]。郝娜对基于性能的橡胶垫基础隔震结构进行了研究，在 SAP2000 程序中建立一幢 8 度设防的橡胶垫隔震结构模型，采用能力谱法对该结构进行能力评估[27]。刘鹏飞等对基于性能的基础隔震结构设计进行了探讨，分别建立了基础隔震结构的性能水准和设防目标，并采用层间位移角、层加速度为量化指标，对基础隔震结构采用基于性能设计的可行性和有效性进行了论证，并建立了基础隔震结构基于性能的设计流程[28]。林凯针对基础隔震建筑，提出了一套设防水准与性能目标，给出了性能指标的量化参数及量化值[29]。

第 2 章

三维隔震抗倾覆装置性能试验

2.1 引　言

针对目前建筑三维隔震支座种类少以及不能抗倾覆的缺陷，本书提出了 3 类三维隔震抗倾覆装置（Three-Dimensional Base Isolation and Overturn Resistance Device，简称"3D-BIORD"）的理论和设计方法。基本思想是将水平隔震的子装置和竖向隔震的子装置串联起来，同时考虑了整套装置的抗倾覆要求。3 类装置的主要区别在于采用不同的竖向隔震子装置。本章将利用电液伺服压剪试验机以及电子式万能试验机对装置进行分体试验和整体试验，研究装置的力学性能以及制作工艺，为安装有三维隔震抗倾覆装置的大高宽比结构的振动台试验奠定基础。

2.2　三维隔震抗倾覆装置设计制作

本书提出 3 种三维隔震抗倾覆装置，这些装置集三维隔震与抗倾覆功能于一体，既解决了竖向隔震问题，也解决了高宽比限值的问题。这些装置是由上下两部分子构件串联而成，上部子构件是具有抗拉和限位功能的普通橡胶支座，下部子构件具备一定的竖向隔震功能。本章将着重介绍这些装置的构造和制作工艺，并就各个类型装置按照功能进行分体性能试验和整体性能试验。

本书设计制作的三种装置分别是厚橡胶层三维隔震抗倾覆装置（实物及剖面图如图 2-1 所示）、环形弹簧三维隔震抗倾覆装置和碟形弹簧三维隔震抗倾覆装置（后两种装置的实物及剖面图如图 2-2 所示），都是根据五层钢结构模型振动台试验的需要进行设计的，水平向承载力设计值为 7.5kN，竖向抗拉承载力设计值为 13kN，竖向承压承载力设计值为 60kN。三种装置的上部子构件采用的都是添加了钢丝绳的具有抗拉能力的橡胶支座（简称"抗拉橡胶支座"），该橡胶支座实物如图 2-3 所示，钢丝绳穿过上下封钢板，并通过中孔，两端固定在上下封钢板内，中孔内铅芯可有可无。钢丝绳在中孔内与抗拉橡胶垫的水平极限变形有关的多余预留长度（指的是比钢丝绳张紧状态多余出的长度）是可设计的，本文设计抗拉橡胶垫的水平极限变形为 220%。

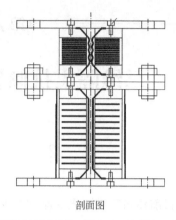

剖面图

图 2-1 厚橡胶层三维隔震抗倾覆装置

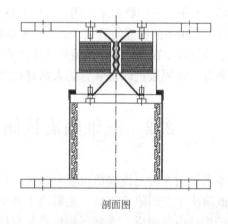

剖面图

图 2-2 弹簧三维隔震抗倾覆装置

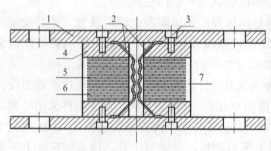

图 2-3 抗拉橡胶支座

1—连接板；2—钢丝绳；3—螺栓；4—封钢板；5—叠层钢板；6—叠层橡胶；7—橡胶保护层

厚橡胶层三维隔震抗倾覆装置的下部子构件采用的是同样添加了钢丝绳的叠层厚橡胶支座，该支座与上部的抗拉橡胶支座是可分离的，都有各自的上下连接板，下部的叠层厚橡胶支座的上连接板与上部的抗拉橡胶支座的下连接板通过螺栓相连接固定。与上部抗拉橡胶支座不同的是，每层橡胶的厚度要比普通橡胶支座大得多，且在叠层厚橡胶支座内部的钢丝绳在初始状态下即是张紧的，便于在支座受拉时，与叠层厚橡胶支座本身共同承受拉力，提高其抗拉能力。同时，在叠层厚橡胶支座上下连接板各焊接一个圆管，其中一个圆管的外径略大于另一圆管的内径，两个圆管套在一起，可起导向作用，同时也可以限制叠层厚橡胶支座的水平位移使支座不会失稳。位于里面的圆管，其内壁与叠层厚橡胶支座之间的间隙也是可以设计的，间隙的大小直接影响整个支座的竖向性能。两圆管的高度要小于叠层厚橡胶支座的高度，并且两者之间的差值要大于支座的最大竖向变形量，才不至于限制竖向变形。

环形弹簧三维隔震抗倾覆装置或碟形弹簧三维隔震抗倾覆装置的整个装置只有上下各一块连接板，装置的下部子构件采用碟形弹簧或者环形弹簧，弹簧的外面是一圆筒，圆筒与弹簧之间的间隙应当经过合理的设计。圆筒的下端向外延伸一翼缘，圆筒通过翼缘上的螺栓孔用螺栓与下连接板连接固定；圆筒的上端向内延伸一翼缘，上部抗拉橡胶支座的下端连接有一圆形小连接板，该连接板与弹簧直接接触，当弹簧从受压状态回到平衡位置，再往上移动时，圆筒上端翼缘限制了弹簧及小连接板继续向上移动，起到限位的作用，同时上部抗拉橡胶支座的钢丝绳也能因此而张紧，发挥抗拉及抗倾覆的功能。小连接板与圆筒上端翼缘之间放置了一块圆环形橡胶片，起到缓冲作用。

环形弹簧和碟形弹簧都属于异形弹簧，都是通过接触面的摩擦来耗能。如图2-4 所示，环形弹簧是由多个带有内锥面的外圆环和带有外锥面的内圆环配合组成。承受轴向力 F 后，各圆环沿圆锥面相对运动产生轴向变形而起到弹簧作用。碟形弹簧是碟状弹簧，单片碟形弹簧的承载力和变形有限，可通过叠合方式、对合方式或者叠合和对合组合的复合方式进行调节，不同的组合方式可以得到不同

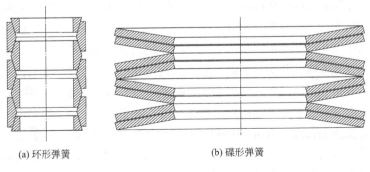

(a) 环形弹簧　　　　　　　　　　　(b) 碟形弹簧

图 2-4　弹簧构造简图

的刚度特性以满足不同的性能要求。本书亦针对振动台试验的需求，研究了采用不同组合方式的碟形弹簧支座的性能。

2.3 三维隔震抗倾覆装置水平向力学性能试验

在三通道电液伺服协调加载系统（压剪试验机）上进行与水平性能相关的试验，即进行三维隔震抗倾覆装置水平功能子构件和三维装置整体的水平基本性能试验和加载频率相关性试验等。以下所有的性能试验的加载频率除特殊说明外，都为 0.1Hz。试验用的普通橡胶支座的具体尺寸如表 2-1 所示。

普通橡胶支座的尺寸（mm）　　　　　　　　表 2-1

有效直径	铅芯中孔	叠层钢板	叠层橡胶	钢丝绳直径	高度
100	18	1.5×14 层	1.5×15 层	2	95.5

2.3.1 普通无铅芯橡胶支座性能试验

（1）不添加钢丝绳支座性能试验

对两个如表 2-1 所示的不添加钢丝绳的普通橡胶支座进行水平基本性能试验，水平变形分别为 50%（11.25mm）、100%（22.5mm）和 150%（33.75mm），加载频率为 0.1Hz；对其中一个支座进行加载频率相关性试验，加载频率分别为 0.01Hz、0.1Hz、0.2Hz 和 0.4Hz，水平变形为 100%。试验过程中，在两个支座的竖向施加 40kN 恒载，支座的力与变形关系曲线如图 2-5～图 2-7 所示。从图中可以看出，这一类支座滞回曲线包络的面积比较小，耗能能力有限，支座在相应水平变形时仍然处于弹性状态，且支座的性能不受加载频率的影响。

（2）添加钢丝绳支座性能试验

对一个相同尺寸的、添加了钢丝绳的普通无铅芯橡胶支座（即无铅芯抗拉橡胶支座，Pull Resistance Rubber Bearing，简称为"PRRB"）进行水平基本性能试验和加载频率相关性试验，竖向同样施加 40kN 预压。图 2-8 为无铅芯抗拉橡胶支座在水平变形为 50%、100%、220% 和 230% 时的滞回曲线。220% 水平变形量的工况在 230% 水平变形量的工况之后进行试验，而钢丝绳的设计发生作用变形量，也就是设计钢丝绳张紧时的支座水平变形量为 220%。从图中可以看出，在小变形（50% 和 100%）时，钢丝绳对支座的性能几乎没有影响，整个支座的刚度曲线为一直线。在大变形时，从 230% 变形的曲线可以看出，力与变形关系曲线具有很明显的非线性特性，理论上曲线在 220% 水平变形量时应发生刚度突变，之后的刚度曲线仍为一直线，但是从实际的试验曲线可以看到，由于加工误差的原因导致在水平变形量接近 200% 时，曲线的刚度开始逐步增大，之后的刚度曲线为一直线。从 220% 变形的力与变形关系曲线可以看出，曲线呈线性，并且在原刚度突变位置附近，该曲线的刚度要明显小于在同一水平变形下钢丝绳完好时的曲线的刚度，说明钢丝绳已失效不再起作用。从图 2-9 可以看出，在小变形时，加载频率对无铅芯抗拉橡胶支座性能没有影响。

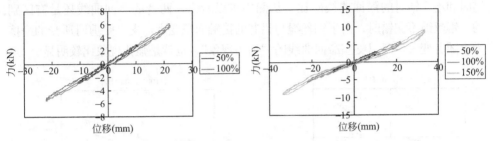

图 2-5　试件 1 的力与变形关系曲线　　　　图 2-6　试件 2 的力与变形关系曲线

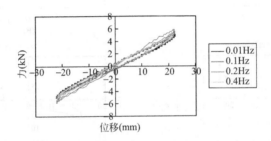

图 2-7　加载频率对支座性能的影响

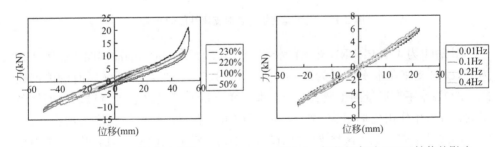

图 2-8　PRRB 的滞回曲线　　　　　　图 2-9　加载频率对 PRRB 性能的影响

2.3.2　铅芯橡胶支座性能试验

对 5 个相同尺寸的、添加了钢丝绳的普通铅芯橡胶支座（即铅芯抗拉橡胶支座，Pull Resistance Lead Rubber Bearing，简称为"PRLRB"）进行水平基本性能试验和加载频率相关性试验，竖向同样施加 40kN 预压。对其中的 4 个支座（将用于后面的振动台试验）仅做水平变形为 50% 和 100% 的基本性能试验，对另外的一个支座还进行了加载频率相关性试验以及承载力试验。我们设计抗拉橡胶垫时，希望每一根钢丝绳从橡胶垫的铅芯中孔穿过是分开的、不相互交错的，因为一旦相互交错，其交错情况是不确定的，支座的性能也就相对不稳定，所以应尽量避免这种情况发生。在对橡胶垫进行加工时，由于加工方原因导致以上所述的交错发生了，只能对所有的支座进行重新加工，以确保钢丝绳不是交错的。图 2-10 为钢丝绳交错时和不交错时的滞回曲线对比，从图中可以看出，两者的滞回曲线还是有区别的，钢丝绳不交错时，由于钢丝绳与铅芯的接触面积变大，支座受剪时所受的摩擦力也随着变大，所以支座滞回曲线的"抬头现象"，也就是强化现象比较明显。

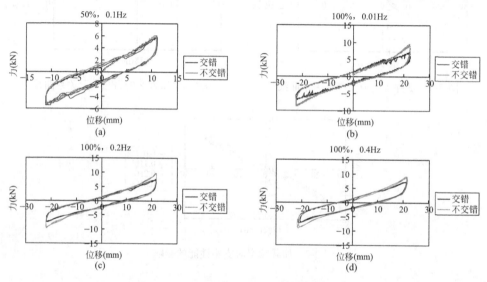

图 2-10　钢丝绳交错与否对支座性能的影响

图 2-11 为 4 个 PRLRB 支座在水平变形为 50％和 100％的滞回曲线。图 2-12 为 PRLRB 支座在水平变形为 50％、100％、150％、220％和 300％时的滞回曲线。220％水平变形量的工况在 300％水平变形量的工况之后进行试验，而钢丝绳的设计发生作用变形量为 220％。从图中可以看出，各曲线包络的面积较大，滞回曲线较丰满，说明这类支座具有较强的耗能能力，在小变形情况下也能有效地进行耗能。与图 2-8 滞回曲线不同的是，图 2-12 中的曲线的非线性要更加明显，在小变形时即表现出非线性特性，实际上是因为在水平变形逐渐增大的过程中，钢丝绳与铅之间的相互摩擦对滞回曲线的影响不可忽略。从 300％变形的曲线可以看出，曲线在 63.2mm 水平位移时产生跳跃，试验中的支座发出爆裂声，说明钢丝绳已经断裂。从 220％变形的滞回曲线与其他曲线的比较可以看出，该曲线的屈服后刚度曲线基本呈一直线，且该曲线的刚度要明显小于在同一水平变形下钢丝绳完好时的曲线的刚度，说明钢丝绳已断裂，不再起作用。图 2-13 为

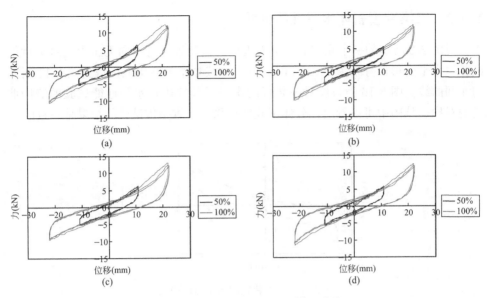

图 2-11　4 个 PRLRB 支座的滞回曲线

加载频率对 PRLRB 支座性能的影响，从图中可以看出，加载频率对 PRLRB 支座性能影响很小。图 2-14 为试验中的橡胶支座。

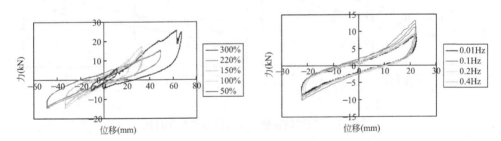

图 2-12　PRLRB 支座的极限承载力曲线　　图 2-13　加载频率对 PRLRB 支座性能的影响

图 2-14　试验中的橡胶支座

2.3.3 三维装置整体水平性能试验

对图 2-2 所示的一个完整的三维隔震抗倾覆装置进行竖向无压力的水平性能试验，水平变形量分别为 100% 和 150%，加载频率为 0.1Hz，得到图 2-15 所示的滞回曲线。图 2-16 为与仅对该装置的水平子装置进行水平性能试验的滞回曲线的对比。从图中可以看出，分体试验的结果与三维整体试验的结果是一致的。

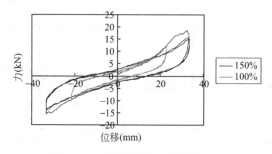

图 2-15　三维装置的水平滞回曲线

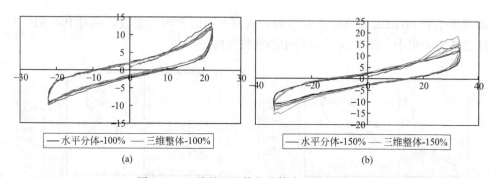

(a) 　　　　　　　　　　　　　(b)

图 2-16　三维装置整体与分体水平性能对比

从以上的分析可知，无论是有铅芯还是无铅芯的橡胶支座，添加钢丝绳后，其水平抗剪切及抗拉能力都得到了大幅度提高，有利于三维装置抗倾覆功能的实现。

2.4　三维隔震抗倾覆装置竖向力学性能试验

2.4.1　普通橡胶支座竖向性能试验

对表 2-1 所示的橡胶支座进行竖向基本性能试验，考虑了是否有钢丝绳和是否有铅芯的三种组合情况。加载频率为 0.1Hz，加载大小为 40kN±30% 和 60kN

±30％。如图 2-17 所示为不添加钢丝绳的无铅芯橡胶支座、添加钢丝绳的无铅芯橡胶支座（即 PRRB）和添加钢丝绳的有铅芯橡胶支座（即 PRLRB）竖向力与变形关系曲线的比较，从图中可以看出，曲线基本上呈线性，对无铅芯橡胶支座，是否添加钢丝绳对其竖向性能没有影响，二者的竖向刚度完全一致；对于有钢丝绳的橡胶支座，是否灌铅对其竖向性能有一定影响，灌铅后竖向刚度由原来的 45.85kN/mm 增加到 49.86kN/mm。

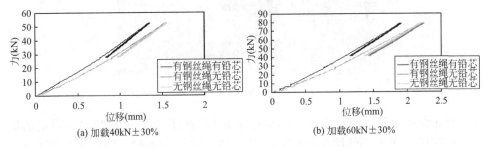

(a) 加载40kN±30%　　　　　　(b) 加载60kN±30%

图 2-17　橡胶支座的竖向力与变形关系曲线

　　4 个振动台试验用的支座稳定后的曲线刚度分别为 46.46kN/mm、46.85kN/mm、46.84kN/mm 和 48.55kN/mm，差别较小。

2.4.2　叠层厚橡胶支座竖向性能试验

　　叠层厚橡胶支座的具体尺寸如表 2-2 所示。

叠层厚橡胶支座的具体尺寸（mm）　　　　　　表 2-2

类　型	有效直径	铅芯中孔直径	叠层钢板	叠层橡胶	钢丝绳直径	高度	与筒壁间隙
叠层厚橡胶支座Ⅰ	100	15	2×5 层	12×6 层	2	112	4/5/6
叠层厚橡胶支座Ⅱ	100	15	1.5×11 层	8×12 层	2	142.5	4/5/6

（1）竖向压缩试验

　　如图 2-18 所示，由于叠层厚橡胶支座的橡胶层比较厚，容易失稳，为解决这一问题，在其外部增加一个圆筒，同时还能使支座在小变形时的刚度较小。随着变形的增大，圆筒限制其变形而使刚度逐渐增大，在大变形时呈现高度非线性，这对结构的竖向隔震是有利的。图 2-19 和图 2-20 为不同橡胶层厚度的两类支座所进行的与筒壁间隙分别为 4mm、5mm 和 6mm 的竖向性能试验曲线，加载频率为 0.1Hz。从图中可以看出，正如理论分析所预计的那样，在变形量比较小的时候，不同间隙的支座的刚度一致，基本上表现为线性，说明橡胶层的横向

图 2-18 无约束圆筒而失稳的叠层厚橡胶支座

变形量还没有达到间隙的大小，圆筒还未起到约束作用；随着竖向变形量的增大，橡胶层的横向变形量逐渐增大，当达到间隙的大小时，圆筒起约束作用，且力与变形关系曲线也呈现出明显的非线性；间隙越大，使力与变形关系曲线表现出高度非线性所需的横向变形量（也可以说是竖向变形量）就越大，所需的竖向力也就越大。与图 2-19 相比较，图 2-20 所表现出的这些关系并没有那么明显，因为图 2-20 所对应支座的橡胶层厚度相对较小，产生同样横向变形所需的竖向力要大得多，在图示的竖向力作用下的横向变形量还没有达到高度非线性所需要的变形量，所以不明显。同时，可以发现这些支座本身并不具有耗能能力，必须借助于外部构造才能进行有效的耗能（例如在支座中增加铅挤压耗能元件）。

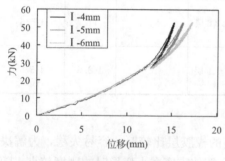

图 2-19 间隙大小对 I 型支座
滞回曲线的影响

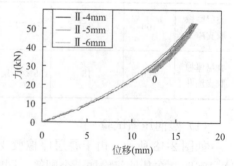

图 2-20 间隙大小对 II 型支座
滞回曲线的影响

图 2-21 和图 2-22 为不同橡胶层厚度的两类支座所进行的与加载频率有关的竖向性能试验曲线，支座与筒壁间隙为 4mm，加载频率分别为 0.05Hz、0.1Hz 和 0.15Hz。从图中可以看出，加载频率对支座刚度的影响不大，但是当加载频率增大

到一定程度，比如图 2-21 中的 0.15Hz，力与变形关系曲线上就会出现一些小的滞回环，这对增加耗能有利，但不利于力与变形关系曲线的简化计算。

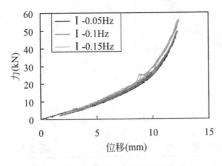

图 2-21　加载频率对Ⅰ型支座
滞回曲线的影响

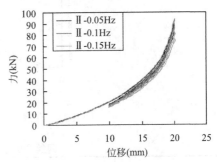

图 2-22　加载频率对Ⅱ型支座
滞回曲线的影响

（2）竖向拉伸试验

对支座所采用的直径为 2mm 的钢丝绳进行极限抗拉试验，取 3 根钢丝绳作为试件，图 2-23 为钢丝绳的力与变形关系曲线，设备夹具之间的钢丝绳标距、钢丝绳的极限承载力及极限变形如表 2-3 所示。图 2-24 为两类叠层厚橡胶支座未添加钢丝绳时的拉伸力与变形关系曲线，从图中可以看出两类支座的抗拉刚度都比较小，且Ⅰ型支座曲线的刚度要大于Ⅱ型支座曲线的刚度，Ⅱ型支座的曲线表现为更明显的非线性，这是因为两类支座的橡胶层总厚度都比较大，且Ⅱ型支座的橡胶层总厚度要大于Ⅰ型支座。图 2-25 为添加了钢丝绳后的两类支座的拉伸力与变形关系曲线，从图中可以看出，添加钢丝绳确实能够提高橡胶支座的抗拉能力。但是稳定后的曲线分为两段，这是因为在加载前段钢丝绳未拉紧，所以前段的刚度与未添加钢丝绳时的支座抗拉刚度相当，主要由橡胶支座本身承受拉力，后段曲线刚度与钢丝绳的刚度和橡胶支座本身刚度之和相当，钢丝绳发挥作用，且承担主要的拉力。

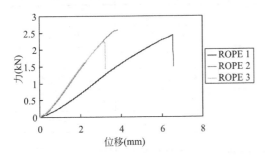

图 2-23　钢丝绳的力与
变形关系曲线

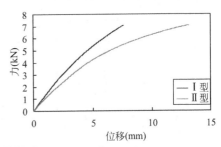

图 2-24　无钢丝绳支座力与变形关系曲线

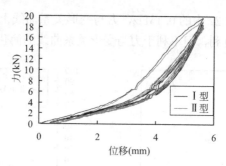

图 2-25 有钢丝绳支座力与变形关系曲线

钢丝绳的承载力和极限变形			表 2-3
	标距(mm)	极限变形(mm)	极限承载力(kN)
试件 1	495	6.58	2.43
试件 2	165	3.84	2.58
试件 3	169	3.23	2.25

2.4.3 弹簧支座竖向性能试验

本书所研究的弹簧三维隔震抗倾覆装置的竖向构件分别采用了环形弹簧和碟形弹簧。碟形弹簧的不同组合方式可满足不同的性能要求,本书的碟形弹簧支座有三种不同的组合方式,组合方式 1 为 8 组 2 片叠合对合;组合方式 2 为 5 组 2 片叠合对合与 5 个单片对合的叠加;组合方式 3 为 13 个单片对合。其中组合方式 1,为满足三维装置振动台试验研究的需要而进行初步设计的,其设计初始加载刚度与环形弹簧相当;后两种组合方式为在现有的套筒高度范围内,可供选择的两种组合方式。两类弹簧支座的相关几何参数如表 2-4 所示。

弹簧支座的相关几何参数 (mm)				表 2-4
环形弹簧支座	外径	圆环高度/间距	外环最大/最小厚度	内环最大/最小厚度
	120	14/4	5/3	4.5/2.5
	圆环总件数	总高度	与筒壁间隙	套筒高度
	13 件	108	3.5	161
碟形弹簧支座	内/外径	碟片厚度	碟片自由高度	碟片压平变形量
	64/125	5	8.5	3.5
	碟片总件数	总高度	与筒壁间隙	套筒高度
	2 片×8	108	1	161
	2 片×5+1 片×5	110		
	1 片×13	110.5		

首先，对环形弹簧支座和碟形弹簧支座的组合方式1进行研究。图2-26为单片碟形弹簧的力与变形关系曲线，从图中可以看出，由于摩擦力的影响，碟形弹簧的加载刚度要略大于其卸载刚度，加载刚度约为10.49kN/mm，与不考虑摩擦时的理论计算刚度10.61kN/mm相吻合，按照加载刚度计算出的极限承载力为36.72kN，与理论计算的37.04kN相当。图2-27为环形弹簧支座和碟形弹簧支座组合方式1的竖向承载力试验曲线，环形弹簧支座的设计极限变形为24mm，设计极限承载力为79.6kN；碟形弹簧支座的设计极限变形为28mm，设计极限承载力为75.3kN，从图中可以估计环形弹簧支座的实际承载力约为73kN，碟形弹簧支座的实际承载力约为82kN，二者相差不大。环形弹簧的加载和卸载曲线基本上呈线性，在卸载曲线的拐角处，曲线有波动，是由于摩擦力的存在以及弹簧的弹性滞后引起的。碟形弹簧的加载和卸载曲线则呈现出一定的非线性。而且环形弹簧的滞回环面积要明显大于碟形弹簧的，说明环形弹簧的耗能能力要比碟形弹簧好。图2-28和图2-29为两类弹簧支座在不同加载频率下的滞回曲线。从图中可以看出，加载频率对支座的滞回曲线的影响不大。对于环形弹簧，加载频率对摩擦力的存在以及弹簧的弹性滞后所引起的曲线的波动有影响：加载频率越大，波动越大。对于碟形弹簧，加载频率同样仅对滞回曲线的加载段（包括卸载后的加载）的前端的波动有影响：加载频率越大，波动越明显。环形弹簧支座和碟形弹簧支座的加载曲线刚度约为3.2kN/mm和3.4kN/mm，远小于上部抗拉橡胶支座的45.85kN/mm（49.86kN/mm），且上部模型结构的自重约100kN，每个支座平均承担25kN。由此可见，这两类弹簧支座既能提供足够的承载力承担上部结构的自重，又能提供适当的刚度进行竖向隔震，虽然环形弹簧的摩擦耗能要明显好于碟形弹簧，但如果把滞回曲线的原点平移到支座负载结构重量时的位置（简单的平移可参考图2-30和图2-31），则相当于支座的屈服力较大，且"初始刚度"较大。在第4章将要介绍的五层框架模型结构三维隔震抗倾覆振动台试验中，在输入中小地震动时，支座的位移将比较小，不利于隔震与耗能的实现，所以在振动台试验时将采用碟形弹簧支座。

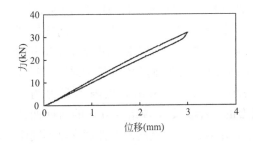

图2-26　单片碟形弹簧的力与变形关系曲线

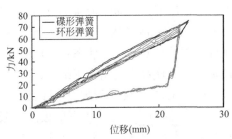

图2-27　弹簧支座的滞回曲线

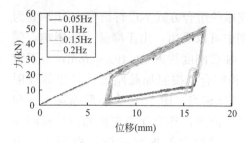

图 2-28　加载频率对环形弹簧
支座性能的影响

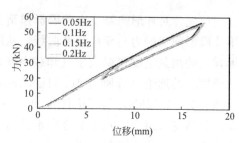

图 2-29　加载频率对碟形弹簧
支座性能的影响

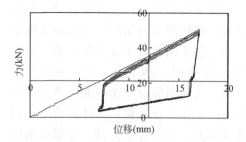

图 2-30　平移环形弹簧滞回曲线原点

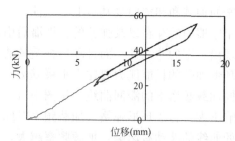

图 2-31　平移碟形弹簧滞回曲线原点

图 2-32 为碟形弹簧组合方式 2 的滞回曲线，加载频率为 0.1Hz：（a）图为 10mm 预压下，竖向变形量为 5mm 的滞回曲线，曲线的加载刚度为 1.83kN/mm；（b）图为 10mm 预压下，竖向变形量为 1、2、4、6、8、10mm 的滞回曲线，体现了碟形弹簧的真实工作状态；（c）图为极限变形曲线，由于组合方式 2 下的碟形弹簧支座高度要略高于组合方式 1，把此时的碟形弹簧安装在原来的套筒内，对碟形弹簧必然施加了预压，所以（c）图所示的极限变形要比理论计算略小，约为 34.1mm，极限承载力约为 82kN，与组合方式 1 下的极限承载力相等。从（c）图中还可以看出，在大变形时，曲线是变刚度的，这是由于组合方式 2 是不同于组合方式 1 的一种复合组合方式，曲线强化阶段的刚度约为 3.78kN/mm。

图 2-33 为碟形弹簧组合方式 3 的滞回曲线，加载频率为 0.1Hz：（a）图为 20mm 预压下，竖向变形量为 5mm 的滞回曲线，曲线的加载刚度为 1kN/mm；（b）图为 20mm 预压下，竖向变形量为 2、4、8、16mm 的滞回曲线，同样体现了碟形弹簧的真实工作状态；（c）图为极限变形曲线，同样由于组合方式 3 下的碟形弹簧支座高度要略高于组合方式 1，套筒内的碟形弹簧必然存在预压，所以（c）图所示的极限变形要比理论计算略小，约为 39.8mm，极限承载力约为 40.4kN，约为组合方式 1 下的极限承载力的一半。把三种组合方式的滞回曲线放到同一张图中进行对比，如图 2-34 所示，结合以上对竖向碟形弹簧支座不同组合方式的试验曲线的分析可知，三种组合方式对应曲线的加载刚度依次递减，但

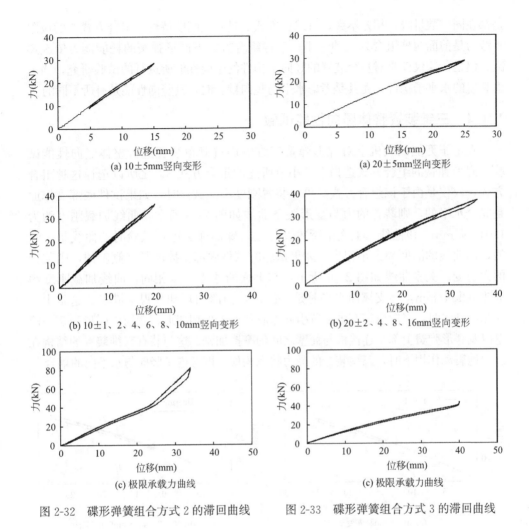

(a) 10±5mm竖向变形

(a) 20±5mm竖向变形

(b) 10±1、2、4、6、8、10mm竖向变形

(b) 20±2、4、8、16mm竖向变形

(c) 极限承载力曲线

(c) 极限承载力曲线

图 2-32　碟形弹簧组合方式 2 的滞回曲线　　图 2-33　碟形弹簧组合方式 3 的滞回曲线

图 2-34　三种碟形弹簧组合方式的滞回曲线对比

是都在同一数量级，相差不大，且组合方式2具有变刚度特性，组合方式3的极限承载力是前面两种组合方式的一半；三种组合方式下碟形弹簧的耗能能力依次递减。但是，这仅仅是对整个装置的竖向子构件的竖向性能所进行的试验研究，当考虑装置的水平子构件，尤其是考虑水平与竖向耦合时，其竖向性能是有所不同的。

2.4.4 三维装置整体竖向性能试验

在电子万能试验机上对碟形弹簧三维隔震抗倾覆装置进行整体竖向性能试验，碟形弹簧的组合方式选择上一小节所述的组合方式3。之所以选择这种组合方式，仅仅是由于该组合方式简单，装置刚度小。试验时，如果试件底部支撑面是完全水平的，则装置的力与变形关系曲线如图2-35所示：曲线加载刚度约为1.01kN/mm，该曲线与上文中所述仅对竖向碟形弹簧进行试验时的曲线是一致的，两曲线的滞回环大小相当。如果试验时试件底部支撑面是略倾斜的，则装置的力与变形关系曲线如图2-36所示，与上面所述不完全相同：曲线加载刚度约为1.03kN/mm，与支撑面水平时是一致的，而滞回环却变得丰满了。这是由于支撑面倾斜时，竖向压缩三维装置引起橡胶垫发生剪切变形，套筒内碟形弹簧与筒壁以及碟形弹簧上部小连接板与筒壁之间的摩擦加剧。这与装有三维装置的结构在三向地震动作用下时，三维装置的受力状态相似，即考虑了竖向与水平向的耦合。

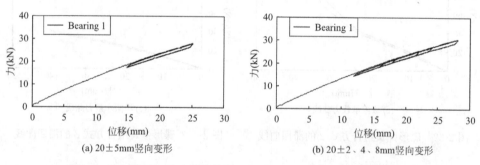

(a) 20±5mm竖向变形   (b) 20±2、4、8mm竖向变形

图2-35 支撑面水平时碟形弹簧三维装置的竖向力与变形关系曲线

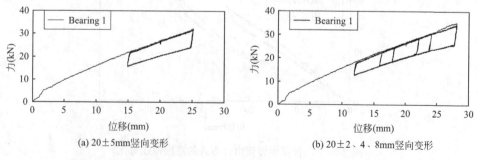

(a) 20±5mm竖向变形   (b) 20±2、4、8mm竖向变形

图2-36 支撑面倾斜时碟形弹簧三维装置的竖向力与变形关系曲线

其他三个装置的竖向力与变形关系曲线如图 2-37 所示。从这些图中可以看出，三维装置的竖向力与变形关系曲线接近双线性，平移坐标原点至曲线中心，并将曲线双线性简化，经计算可以得到四个装置的双线性特征参数及其均值如表 2-5 所示。在进行数值分析时，可以把表中的均值所在行数据作为装置的力学模型。

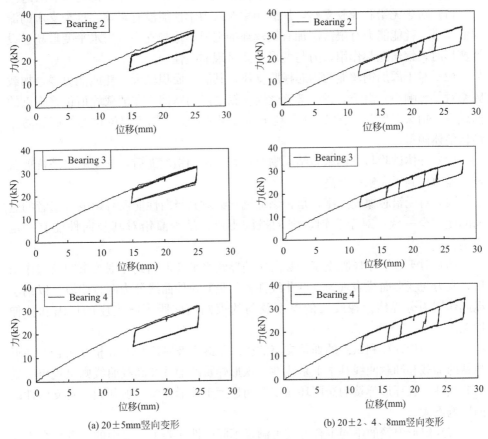

(a) 20±5mm竖向变形　　　　　　　　(b) 20±2、4、8mm竖向变形

图 2-37　另外三个三维装置的竖向力与变形关系曲线

四个三维装置的双线性特征参数　　　　　　　　　　表 2-5

	第一刚度（kN/mm）	屈服后刚度（kN/mm）	屈服力（kN）
Bearing 1	12.564	1.03	3.322
Bearing 2	12.427	1.01	3.477
Bearing 3	13.162	0.97	3.326
Bearing 4	14.647	1.00	3.820
均值	13.200	1.003	3.486

2.5　本章小结

综上所述，本章提出了三种三维隔震抗倾覆装置，详细介绍了这些装置的构造、加工及各部件对应所实现的功能。利用电液伺服压剪试验机和电子万能试验机对这些装置进行详细的分体和整体性能试验。通过试验研究，得到如下结论：

（1）对于无铅芯橡胶支座，加载频率对其力学性能没有影响。这类支座的滞回面积小，耗能能力有限。添加有钢丝绳的无铅芯橡胶支座，当水平变形超过设计变形时，钢丝绳起作用，力与变形关系呈现非线性。

（2）对于添加钢丝绳的铅芯橡胶支座，其滞回面积较大，耗能能力强，加载频率对其影响小。由于装置内部钢丝绳与铅之间的摩擦，在加载峰值位移附近的曲线有"抬头现象"。这些特性有利于隔震层的耗能、隔震层位移的控制和防止结构整体倾覆。

（3）分体试验与整体试验结果吻合良好。添加钢丝绳后，支座的水平抗剪及抗拉能力得到了大幅度提高。

（4）对无铅芯橡胶支座，是否添加钢丝绳对其竖向性能没有影响，二者的竖向刚度完全一致；对于有钢丝绳的橡胶支座，是否灌铅对其竖向性能有一定影响。

（5）对于叠层厚橡胶支座，竖向压缩导致水平变形达到外围约束圆筒起作用后，其力与变形曲线表现为高度非线性。其竖向拉伸曲线分为两直线段，以钢丝绳起作用为分界线。橡胶层的厚度及与约束圆筒间距影响支座的压缩和拉伸性能。

（6）理论计算和试验的弹簧支座的极限承载力及刚度特性等相互吻合。环形弹簧的加载和卸载曲线基本上呈线性，碟形弹簧的加载和卸载曲线则呈现出一定的非线性。且环形弹簧的滞回环面积要明显大于碟形弹簧。加载频率对支座性能的影响不大。

（7）碟形弹簧的不同组合方式可满足不同的性能要求，文中的三种组合方式对应曲线的加载刚度依次递减，但是都在同一数量级，且组合方式2具有变刚度特性；组合方式3的极限承载力是前面两种组合方式的一半。

（8）碟形弹簧三维隔震抗倾覆装置竖向性能试验表明其竖向力与变形关系曲线接近双线性，且滞回环较为饱满，装置竖向具有适宜的屈服力和屈服后刚度，既能提供足够的承载力承担上部结构的自重，又能提供适当的刚度进行竖向隔震。

第 3 章

三维隔震抗倾覆装置设计与数值模拟

3.1 引言

本章根据前文三维隔震抗倾覆装置加工制作经验并结合已有相关理论，提出三维隔震抗倾覆装置的设计方法。利用有限元分析软件对碟形弹簧三维隔震抗倾覆装置进行实体建模开展有限元模拟，并与试验结果相比较。

3.2 水平隔震子装置的设计

三维隔震抗倾覆装置的水平子装置采用的是具有抗拉能力的抗拉橡胶支座，是在普通橡胶支座中添加了钢丝绳。普通叠层橡胶支座在大部分情况下是受压的，只有在产生较大水平剪切变形时，支座才可能产生拉应力。普通叠层橡胶支座的受拉承载力是由钢板与橡胶之间的黏结来保证的。当支座受拉时，虽然从外观上看并无明显的损伤，但内部实际上已产生很多空孔，对支座的性能产生很大影响。在普通叠层橡胶支座中添加钢丝绳后，在发生较小的水平剪切变形时，支座内部未产生拉应力，钢丝绳处于松弛状态，其所起的作用不大，不提供刚度；当发生较大的水平剪切变形时，支座产生大的拉应力，此时设计钢丝绳将被拉紧，分担相当部分的拉力，使结构的安全性得到保证。

抗拉橡胶支座由薄钢板和薄橡胶片相互交错叠置而成，并在其中添加钢丝绳。决定其形状的主要参数有直径 D、铅芯中孔直径 d_s、单层橡胶厚度 t_r、橡胶层数 n。根据这些参数可确定第 1 形状系数 S_1 和第 2 形状系数 S_2。S_1 主要与转动刚度和竖向刚度有关，当直径不变时，S_1 越大，橡胶片的厚度越薄，弯曲刚度和竖向刚度越大。S_2 是与水平刚度和承载能力有关的参数，S_2 越大，多层橡胶越扁平，越不容易压屈。根据目前的研究成果，建议设计时应满足：$S_1 \geqslant 15$，$S_2 \geqslant 5$，否则应降低竖向使用时的平均压应力。

3.2.1 竖向刚度

抗拉橡胶支座的竖向刚度可参照普通橡胶支座的竖向压缩刚度计算公式(3-1)

求得。

$$K_v = E_{rb}A/T_R \qquad (3-1)$$

式中　E_{rb}——$E_{rb} = \dfrac{E_r E_b}{E_r + E_b}$ 为修正弹性模量，$E_r = 3G\left(1 + \dfrac{2}{3}\kappa S_1^2\right)$ 为名义弹性模量，E_b 为体积弹性模量；κ 为取决于橡胶硬度的系数；

　　　　A——橡胶层截面面积；

　　　　T_R——橡胶层总厚度。

当发生剪切变形时，由于有效承载面积的减小，橡胶支座的压缩刚度也会相应地变小。考虑剪切变形影响的竖向刚度计算式如式(3-2) 和式(3-3) 所示：

$$K_{ve} = (A_e/A)K_v \qquad (3-2)$$

$$A_e = \left[1 - \frac{2}{\pi}(\beta\sqrt{1-\beta^2} + \sin^{-1}\beta)\right]A \cong [1 - 1.2\beta]A, \ \beta = \delta/D \leqslant 0.6$$

$$\qquad (3-3)$$

式中　A_e——有效承载面积；

　　　　β——$\beta = \delta/D$，即剪切变形与直径之比。

当橡胶支座有中孔时，可以利用考虑中孔影响的第 1 形状系数 S_1 进行简略计算，即在计算受压面积时扣除孔洞的面积。

橡胶支座受拉时，橡胶内部形成负压状态，内部因为空洞而产生损伤，因此没有有关拉伸刚度的理论公式。研究表明，拉伸刚度是压缩刚度的 1/10～1/5。当添加钢丝绳，橡胶支座发生剪切变形时，钢丝绳分担大部分拉力，橡胶支座的整体抗拉能力将得到明显增强。

3.2.2　水平刚度

抗拉橡胶支座的水平刚度 K_H，可以根据竖向压力和水平力同时作用于弹性体发生屈曲时的解，由式(3-4)～式(3-7) 求出。

$$K_H = \frac{P_V^2}{2k_r q \tan[q(T_R + T_S)/2] - P_V(T_R + T_S)} \qquad (3-4)$$

$$q = \sqrt{\frac{P_V}{k_r}\left(1 + \frac{P_V}{k_s}\right)} \qquad (3-5)$$

$$k_s = (GA)_{eff} = GA(T_R + T_S)/T_R \qquad (3-6)$$

$$k_r = (EI)_{eff} = E_{rb}I(T_R + T_S)/T_R \qquad (3-7)$$

式中　P_V——压缩荷载；

　　　　T_S——夹层薄钢板的总厚度；

　　　　k_s——有效剪切刚度；

　　　　k_r——有效弯曲刚度；

　　　　I——截面惯性矩；

其余同前文所述。

式(3-4) 中的压缩荷载趋近于 0 时的水平刚度 K_{H0} 可由式(3-8) 得到，该式与单纯考虑橡胶层剪切刚度的公式相同。推导过程中设 $\tan(qH/2) \approx qH/2$。

$$K_{H0} = GA/T_R \tag{3-8}$$

式(3-6) 和式(3-7) 中都乘以 $(T_R + T_S)/T_R$，是为了将橡胶层的剪切刚度和弯曲刚度换算成由橡胶层和薄钢板组成的复合体的有效刚度。使用有效刚度，就可将叠层橡胶支座视为均质材料，这样有利于简化计算。一般情况下，可以利用式(3-8) 估算以剪切变形为主并且水平刚度受压缩荷载影响小的橡胶支座的水平刚度。

铅芯的水平剪切刚度可用式(3-9) 近似表达：

$$K_{HL} = G_L A_L / H_L \tag{3-9}$$

式中　G_L——铅的剪切模量；

　　　A_L——铅芯截面积；

　　　H_L——铅芯高度。

那么，抗拉橡胶支座的屈服前刚度可表示为式(3-10)：

$$K_H = K_{H0} + K_{HL} = GA/T_R + G_L A_L / H_L \tag{3-10}$$

3.2.3　屈曲荷载

研究表明，在其他参数不变的情况下，橡胶支座的水平刚度随竖向压力的增大而逐渐减小。当水平刚度为 0 时，竖向压力可认为是橡胶支座的屈曲荷载。屈曲荷载 P_{cr} 可以从式(3-5) 中得到，令 $K_H = 0$，由式(3-4) 得，$q(T_R + T_S) = \pi$，求解可得：

$$P_{cr} = \frac{1}{2} k_s \left[\sqrt{1 + \frac{4\pi^2 k_r}{(T_R + T_S)^2 k_s}} - 1 \right] \tag{3-11}$$

将式(3-6)、式(3-7) 代入上式，同时不考虑中孔的影响，并注意 $E_r \approx 2G\kappa S_1^2$，$E_{rb} = E_r E_b / (E_r + E_b)$ 和 $D = S_2 T_R$，可得：

$$P_{cr} = \frac{1}{2} GA \frac{T_R + T_S}{T_R} \left\{ \sqrt{1 + \frac{\kappa [\pi S_1 S_2 T_R / (T_R + T_S)]^2}{2(1 + 2G\kappa S_1^2 / E_b)}} - 1 \right\} \tag{3-12}$$

考虑到式(3-12) 中 $S_1^2 S_2^2$ 非常大，将式(3-12) 可近似为：

$$
\begin{aligned}
P_{cr} &= \frac{1}{2} GA \frac{T_R + T_S}{T_R} \sqrt{\frac{\kappa [\pi S_1 S_2 T_R / (T_R + T_S)]^2}{2(1 + 2G\kappa S_1^2 / E_b)}} \\
&= GA S_1 S_2 \pi \sqrt{\frac{\kappa}{8(1 + 2G\kappa S_1^2 / E_b)}} = \zeta A S_1 S_2
\end{aligned}
\tag{3-13}
$$

式中　ζ——$\zeta = \pi \sqrt{\dfrac{\kappa}{8(1 + 2G\kappa S_1^2 / E_b)}}$。

3.2.4 钢丝绳的设计

该三维抗倾覆隔震支座所要达到的效果是，在《建筑抗震设计规范》规定的无需验算抗倾覆的多遇地震和设计地震作用下，橡胶隔震支座水平变形从零逐渐增大到极限变形的过程中，抗倾覆装置基本不起作用，橡胶支座水平变形基本不受抗拉构件约束，水平隔震效果基本不受影响；在罕遇大地震作用下，当水平变形达到极限变形时，抗拉构件限制位移的增大而起到抗倾覆的功能。为此，考虑在橡胶支座中添加钢丝绳作为抗拉构件。

在三维隔震抗倾覆装置的设计中，钢丝绳的设计是一个重要的环节。出于安全以及简化考虑，我们假定罕遇地震下，在抗拉橡胶支座的受力过程中，钢丝绳承担所有的拉力，并且在结构模型简化过程中仅考虑水平隔震，同时假定地震动水平分量对结构体系的受力起主要作用。基于以上假定对抗拉橡胶支座中的钢丝绳进行设计。

水平隔震结构体系的平面计算简图采用剪切型结构模型。隔震层平面布置假定为均匀布置 n 排 2 列的相同型号橡胶支座，即便处于更复杂的布置方式，橡胶支座的受力依然可以通过求解力的平衡方程获得。根据《建筑抗震设计规范》相关条款计算地震作用，如式（3-14）～式（3-18）所示。

$$F_{EK} = \alpha_1 G_{eq} \tag{3-14}$$

$$\alpha_1 = (T_g/T)^\gamma \eta_2 \alpha_{max} \tag{3-15}$$

$$T = 2\pi\sqrt{m/k_h} \tag{3-16}$$

$$\gamma = 0.9 + \frac{0.05 - \zeta_{eq}}{0.5 + 5\zeta_{eq}} \tag{3-17}$$

$$\eta_2 = 1 + \frac{0.05 - \zeta}{0.06 + 1.7\zeta} \tag{3-18}$$

式中　G_{eq}——重力荷载代表值；

$\quad\quad T_g$——场地特征周期；

$\quad\quad m$——结构的质量；

$\quad\quad k_h$——隔震层刚度；

$\quad\quad \zeta_{eq}$——隔震层等效阻尼。

式（3-15）中，α_{max} 可取罕遇地震下的水平地震影响系数最大值乘以调整系数 $\eta_1 = 1 + \dfrac{0.05 - \zeta_{eq}}{0.06 + 1.4\zeta_{eq}}$ 和水平向减震系数的乘积。考虑到在安装抗倾覆装置之后，在中小水平位移变形下，水平隔震效果基本不受影响，而在罕遇地震作用下，抗倾覆装置发挥作用，水平位移受到限制，故偏于安全考虑，减震系数宜取较大值。

根据《建筑抗震设计规范》，隔震结构的水平地震作用沿高度采用矩形分布，则单个支座所承担的最大拉力按式(3-19) 计算。

$$f_t = F_{EK} \frac{H}{2nB} - \frac{G}{2n} \tag{3-19}$$

在橡胶支座产生水平极限变形时，支座剪切角的余弦值为：

$$\cos\alpha = (T_R + T_S) / \sqrt{\delta_{h,\ max}^2 + (T_R + T_S)^2} \tag{3-20}$$

式中　T_R——橡胶层总厚度；

　　　T_S——夹层薄钢板的总厚度；

　　　$\delta_{h,max}$——橡胶支座水平极限变形。

那么，支座中钢丝绳所承担的最大拉力为：

$$f_{wr} = f_t / \cos\alpha = \left(F_{EK} \frac{H}{2nB} \right) \sqrt{\delta_{h,\ max}^2 + (T_R + T_S)^2} / (T_R + T_S) \tag{3-21}$$

钢丝绳的抗拉强度有 1470MPa、1570MPa、1670MPa、1770MPa 以及 1870MPa 等不同等级，具有一定公称直径的钢丝绳在不同抗拉强度等级下具有不同的最小破断拉应力，同时，钢芯钢丝绳的抗拉强度要略高于纤维芯钢丝绳。根据橡胶支座大小选用适当直径 d 的钢丝绳。单个橡胶支座所需钢丝绳数量为：

$$n_{wr} = [f_{wr} \times u / F_0] \tag{3-22}$$

式中　F_0——钢丝绳的最小破断拉力；

　　　u——钢丝绳的安全系数，不同的使用环境有不同的取值，一般的取值范围为 3～10。

3.3　竖向隔震子装置的设计

3.3.1　碟形弹簧支座

碟形弹簧是用金属板料或锻造坯料加工而成的截锥形弹簧。根据厚度的不同，碟形弹簧可分为无支承面和有支承面两种。一般情况下，当厚度小于 6mm 时，因承受载荷较小，支承面仅为两个圆，故采用无支承面形式；当厚度大于 6mm 时，因承受载荷较大，故采用有支承面形式。碟形弹簧具有以下特性：

(1) 变刚度的特性；

(2) 在小变形时能承受大载荷；

(3) 同样的碟形弹簧采用不同的组合方式能获得不同的弹簧特性。

碟形弹簧可采用对合、叠合的组合方式，也可采用复合不同厚度、不同片数等的组合方式。当叠合时，相对于同一变形，弹簧数越多则载荷越大；当对合时，对于同一载荷，弹簧数越多则变形越大。碟形弹簧的两种基本组合方式如

图 3-1 所示。

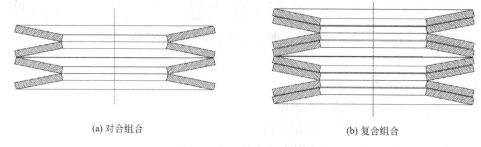

(a) 对合组合   (b) 复合组合

图 3-1　碟形弹簧组合方式

碟形弹簧的制定有国家标准，可按使用要求选定标准尺寸和参数。碟形弹簧支座的设计包括刚度设计和强度设计。碟形弹簧支座的设计流程大致如下：

（1）按照特性曲线的形式要求，选定比值 h_0/t。要求特性曲线近于直线时，可取 $h_0/t \approx 0.5$；要求具有弹簧刚度为零的变形区域时，可取 $h_0/t \approx \sqrt{2}$；要求具有负刚度特性时，可取 $h_0/t > \sqrt{2}$。

（2）根据空间结构尺寸的限制，选定 D 或 d，并确定比值 C，一般取 $C=2$。碟形弹簧单位体积材料的变形能与直径比 C 有关，比值在 1.7 时为最大，因此用于缓冲、吸振和储能的碟形弹簧，可取 $C=1.7 \sim 2.5$。如为控制装置等用的碟形弹簧，弹簧特性有特殊要求时，则可在 $C=1.25 \sim 3.5$ 之间选取。C 值大于 3.5，将使外径过大而可能超出空间尺寸对外径的限制；C 值过小，外径与内径相接近，会给制造带来困难，因此通常 C 值不小于 1.25。

（3）给定比值 f_{max}/h_0，并由应力计算公式求出满足强度要求的碟片厚度 t。在计算时，各式中的 f/t 均以 $f_{max}/t = (f_{max}/h_0)(h_0/t)$ 代入。规定荷载变化次数低于 10^4 以下，仅需验算静力强度，故可按照式（3-25）校验碟形弹簧压平时的应力。由 h_0/t 的比值和 t 值求出内截锥高度 h_0。

（4）按照载荷与变形关系的要求，确定弹簧组合方式和片数。最终可得碟形弹簧组的刚度和承载力。

单片碟形弹簧的荷载 F 与变形 f 的关系、计算应力和刚度如下：

$$F = \frac{4E}{1-\nu^2} \times \frac{t^3}{K_1 D^2} \times K_4^2 f \left[K_4^2 \left(\frac{h_0}{t} - \frac{f}{t} \right) \left(\frac{h_0}{t} - \frac{f}{2t} \right) + 1 \right] \tag{3-23}$$

$$F_c = F_{f=h_0} = \frac{4E}{1-\nu^2} \times \frac{h_0 t^3}{K_1 D^2} \times K_4^2 \tag{3-24}$$

式中

$$K_1 = \frac{1}{\pi} \times \frac{[(C-1)/C]^2}{(C+1)/(C-1) - 2/\ln C}$$

$$C = \frac{D}{d}$$

$$K_4 = \sqrt{-\frac{C_1}{2} + \sqrt{\left(\frac{C_1}{2}\right)^2 + C_2}}$$

$$C_1 = \frac{(t'/t)^2}{[0.25H_0/t - t'/t + 0.75][0.625H_0/t - t'/t + 0.375]}$$

$$C_2 = \frac{C_1}{(t'/t)^3}\left[\frac{5}{32} \times \left(\frac{H_0}{t} - 1\right)^2 + 1\right]$$

$$\sigma_{OM} = -\frac{4E}{1-\nu^2} \times \frac{t^2}{K_1 D^2} \times K_4 \times \frac{f}{t} \times \frac{3}{\pi} \tag{3-25}$$

$$K_v = \frac{dF}{df} = \frac{4E}{1-\nu^2} \times \frac{t^3}{K_1 D^2} \times K_4^2 \left\{K_4^2\left[\left(\frac{h_0}{t}\right)^2 - 3 \times \frac{h_0}{t} \times \frac{f}{t} + \frac{3}{2}\left(\frac{f}{t}\right)^2\right] + 1\right\} \tag{3-26}$$

式中　　E——碟形弹簧材料的弹性模量；

　　　　ν——碟形弹簧材料泊松比；

　　　　F_c——压平时的碟形弹簧负荷计算值；

　　　　D——碟形弹簧外径；

　　　　d——碟形弹簧内径；

　　　　t——碟形弹簧厚度；

　　　　t'——有支撑面碟形弹簧减薄厚度；

　　　　H_0——单片碟形弹簧的自由高度；

　　　　h_0——无支撑面碟形弹簧压平时变形量计算值，$h_0 = H_0 - t$；

　　　　h_0'——有支撑面碟形弹簧压平时变形量计算值，$h_0' = H_0 - t'$；

　　　　OM——单片碟形弹簧剖面一侧形心。

对无支撑面碟形弹簧，$K_4 = 1$；对有支撑面碟形弹簧，K_4 按照上式计算，并在相关计算式中以 t' 代替 t，以 $h_0' = H_0 - t'$ 代替 h_0。

碟形弹簧支座仍需要采用导杆（内导向）或导套（外导向）作为导向。本文采用的是外导向。导向件与碟形弹簧之间的间隙推荐采用表 3-1 的数值。

碟形弹簧与导向件间隙（mm）　　　　　　　　　　　　　　表 3-1

直径 D	<16	16～20	20～26	26～31.5	31.5～50	50～80	80～140	140～250
间隙	0.2	0.3	0.4	0.5	0.6	0.8	1.0	1.6

3.3.2　环形弹簧支座

环形弹簧是由两个或多个具有配合圆锥面的内环和外环交互组合叠积构成的。当弹簧承受轴向压缩载荷 F 后，各圆环沿圆锥面相对滑动产生轴向变形而起到了弹簧作用，这时，内环受压缩产生压缩应力，外环扩张产生拉伸应力。

内外圆环圆锥面相对滑动时，其接触表面具有很大的摩擦力，由摩擦力转化为热能所消耗的功，其大小可达加载过程所做功的 $60\%\sim70\%$。因此，环形弹簧的缓冲减震能力很高，单位体积材料的储能能力比其他类型弹簧大。

环形弹簧的计算内容主要包括变形和应力的计算。承受轴向力 F 时，环形弹簧的荷载 F 和变形 f 关系如式（3-27）所示。

$$F=\frac{2\pi E\tan(\beta+\rho)\tan\beta}{n(D_{01}/A_1+D_{02}/A_2)}f \tag{3-27}$$

$$D_{01}=D_1-b_1-\frac{h}{2}\tan\beta，D_{02}=D_2+b_2+\frac{h}{2}\tan\beta$$

$$A_1=hb_1+\frac{h^2\tan\beta}{4}，A_2=hb_2+\frac{h^2\tan\beta}{4}$$

式中　E——材料的弹性模量；

$\quad\quad\rho$——摩擦角，摩擦系数 $\mu=\tan\rho$；

$\quad\quad\beta$——圆锥面的圆锥角；

$\quad\quad n$——圆锥接触面的对数；

$\quad D_1$、D_2——外圆环外径、内圆环内径；

D_{01}、D_{02}——外圆环及内圆环截面中心的直径；

$\quad A_1$、A_2——外圆环及内圆环截面面积；

$\quad\quad h$——单个圆环的高度；

$\quad b_2$、b_1——内外圆环最小厚度。

外圆环、内圆环截面中的拉应力和压应力分别如式（3-28）所示。

$$\sigma_1=\frac{F}{\pi A_1\tan(\beta\pm\rho)}，\quad\sigma_2=\frac{F}{\pi A_2\tan(\beta\pm\rho)} \tag{3-28}$$

内、外圆环的圆锥接触表面还有压应力，它使接触表面在圆周方向产生拉应力。此应力与圆环截面中应力合成后，在外圆环的内表面产生的最大拉应力为：

$$\sigma_{1,\max}=\frac{F}{\pi A_1\tan(\beta+\rho)}\left[1+\frac{2A_1}{\nu D(h-\delta)(1-\mu\tan\beta)}\right] \tag{3-29}$$

$$D=\frac{1}{2}\left[(D_1-2b_1)+(D_2+2b_2)\right]$$

式中　ν——材料的泊松比；

$\quad\quad D$——环形弹簧的中径；

$\quad\quad\delta$——环形弹簧的节距。

当加载时，式（3-28）的 σ_1 和 σ_2 取"＋"，卸载时，取"－"。

设计环形弹簧支座时应注意：

（1）圆锥角 β。圆锥角 β 较小，则弹簧刚度较小；β 较大，则弹簧缓冲吸振能力减弱。设计时，取 $\beta=12°\sim20°$，一般情况下取 $\tan\beta=1/4$，$\beta=14°3'$，而经

精加工的表面 β 可小至 $\beta = 12°$（$\tan\beta = 0.21$）。即使在接触面润滑不良、摩擦系数大的情况下，ρ 也不能大于 β，因为若 $\rho > \beta$，则卸载时将产生自锁，不能回弹。摩擦角 ρ 或摩擦系数 μ，可根据不同情况，采用表3-2中相应数值。

（2）圆环的高度一般取为外环外径的 $16\% \sim 20\%$。其值若取得过小，则接触面的导向不足，应力较大；若取得过大，则圆环的厚度相对较薄，制造困难。圆环的直径、环形弹簧总高度大时，利于产生所要求的变形。在安装空间允许的范围内，直径宜取大值。

（3）内外圆环最小厚度 b_2 和 b_1。圆环厚度直接影响强度，一般情况下，b_2、$b_1 \geqslant (1/5 \sim 1/3) h$。由于外圆环受拉应力，内圆环受压应力，且材料的抗拉强度低于抗压强度，在圆环高度相同的条件下，为使内外圆环的强度接近，应使 $b_1 > b_2$，一般取 $b_1 = 1.3 b_2$。

（4）内圆环之间或外圆环之间在自由状态下的间隙可为圆环高度的 25%，也即环形弹簧在全压缩时的高度至少为变形量的4倍以上。

（5）为防止横向失稳，环形弹簧一般安装在导向圆筒或导向心轴上，弹簧和导向装置间应留有一定间隙，其数值可取为内环孔径的 2% 左右。

环形弹簧摩擦角或摩擦系数的取值　　　　　　　　　　表3-2

承受载荷情况	摩擦角	摩擦系数
接触面未经精加工,重载荷	9°	0.16
接触面经精加工,重载荷	8°30′	0.15
接触面经精加工,轻载荷	7°	0.12

3.3.3 厚橡胶层橡胶支座

橡胶行为的分子解释可以用来系统地论述橡胶弹性统计理论，这种理论能预测出橡胶制件各种变形方式的应力-应变性质。橡胶分子被认为是由简单单元组成的链，在绕其单元旋转时不受任何限制，根据这样一个理想化的分子链的行为，可将橡胶的整体性质预测出来。对单向拉伸和压缩变形可导出式（3-30），除了在拉伸应变大于 40% 时，应力的理论值大于试验值，其余拉伸和压缩情况下的理论值和实验值吻合得很好。

$$\sigma = G(\lambda - \lambda^{-2}) \qquad (3-30)$$

式中　G——橡胶的剪切模量；

　　　λ——橡胶形变的伸长比，压缩时小于1。

单向压缩的条件之一是橡胶板的受力面充分润滑。实际上，当润滑不完全时，受力面便受到限制力，尤其是对于叠层橡胶支座，橡胶是与金属板粘合的，受力面的移动完全受到限制，橡胶片受到压缩后，其自由表面向外鼓出，从而内应力由简单单向压缩变成剪切和压缩的复合。对无限长矩形胶板和圆盘状胶片受轴向负荷的力与变形有如下近似关系：

$$F_R = \frac{4}{3} E_0 b \varepsilon + E_0(t\varepsilon) \frac{b^3}{3t^3} = \frac{4}{3} E_0 \left(1 + \frac{b^2}{4t^2}\right) b \varepsilon = \frac{4}{3} E_0 (1 + S_R^2) \times b \times \varepsilon$$

$$(3\text{-}31)$$

$$F_C = E_0 \pi d^2 \varepsilon + \pi E_0(t\varepsilon) \frac{d^4}{2t^3} = E_0 \left(1 + \frac{d^2}{2t^2}\right) \pi d^2 \varepsilon = E_0 (1 + 2S_C^2) \times \pi d^2 \times \varepsilon$$

$$(3\text{-}32)$$

因此，无限长矩形胶板和圆盘状胶片的表观杨氏模量分别为：

$$E_{c,R} = \frac{4}{3} E_0 (1 + S_R^2), \; E_{c,C} = E_0 (1 + 2S_C^2) \tag{3-33}$$

$$S_R = b/2t, \; S_C = d/2t \tag{3-34}$$

下标 R 表示无限长矩形胶板相关物理量，下标 C 表示圆盘状胶片相关物理量。

式中　b——矩形胶板宽；

　　　d——圆盘状胶片圆半径；

　　　t——胶板（片）厚度；

　　　ε——胶板（片）竖向应变；

S_R、S_C——分别为无限长矩形胶板和圆盘状胶片的形状系数。

形状效应的推导是以小应变经典弹性理论及假定应力与应变成比例变化为依据的。当压缩应变达 10% 时，这种假设不会有太大误差。但在厚橡胶层橡胶支座中，应变要大于这个值。对这种大应变的非线性可以采用以下两种方法进行修正。

方法一：将弹性统计理论公式中的 $G = E_0/3$ 代之以 $E_r/3$。

$$\sigma = \frac{E_r}{3} (\lambda - \lambda^{-2}) \tag{3-35}$$

方法二：Lindley 考虑了由于压缩后橡胶厚度减小而使形状系数增大的量，此时形状系数增加为 $S/(1-\varepsilon)$。推导可得：

$$\sigma = E_0 [\ln\lambda^{-1} + \kappa S^2 (\lambda^{-2} - 1)] \tag{3-36}$$

此时，压缩刚度为：

$$K_v = \frac{dF}{d\delta_v} = E_0 \left[1 + 2\kappa S^2 \left(\frac{t}{t - \delta_v}\right)^2\right] \frac{\pi d^2}{t - \delta_v} \tag{3-37}$$

比较式（3-30）、式（3-35）和式（3-36）的 σ，式（3-36）最接近试验值。

同时，根据不可压缩假定，圆形橡胶片的水平变形可以近似用其竖向变形表达：

$$\delta_h = \frac{3}{4t} D \delta_v \tag{3-38}$$

多层橡胶最重要的基本性能是长期的承载能力。如果总厚度相同，每层橡胶越厚，即 1 次形状系数越小，则竖向刚度越小，可以对竖向振动起到减振作用。在设计厚橡胶层橡胶支座时，为防止支座失稳以及为了使大变形时支座的竖向刚度能急剧增加，在支座外围分别设置了两个圆筒与上下连接板相连，内圆筒直径与橡胶支座本身直径的差值，也就是内圆筒与支座本身之间的间距，其大小将直接影响整个支座的竖向刚度特性。设计这个间隙时，应考虑所承受的载荷，利用式（3-37）和式（3-38）计算橡胶层的横向变形量，参照试验数据进而确定间隙的大小。

此外，对于外导套除了要满足构造上的需求之外，还要进行抗拉、抗剪强度验算。

3.4　水平隔震子装置的数值模拟

3.4.1　橡胶的数值模拟

橡胶属于超弹性材料，橡胶的材料特性和几何特性都是非线性的。相对于金属材料的性能表达只需要几个参数，而橡胶的特性却需要多个参数来表达。在数学上存在一个弹性势能函数，该函数是一个应变或变形张量的标量函数，而该标量函数对应变分量的导数就是相应的应力分量：

$$[S] = \frac{\partial W}{\partial [E]} \tag{3-39}$$

式中　　$[S]$ ——第二类 Piola－Kirchhoff 应力张量；

　　　　W ——单位体积的应变能函数；

　　　　$[E]$ ——Lagrangian 应变张量，$[E] = 1/2 ([C] - I)$；

　　　　$[C]$ ——Cauchy-Green 应变张量，I 为单元矩阵。

2010 版之后的 ANSYS 软件将超弹单元整合到实体单元的单元方程之中，使得 SOLID 186 可以直接使用二、五、九常数 Mooney-Rivlin 三种材料模型。SOLID 单元的应变能密度函数可以用下式表达：

$$W = \sum_{k+l=1}^{N} a_{kl} (I_1 - 3)^k (I_2 - 3)^l + 1/2K (I_3 - 1)^2 \tag{3-40}$$

式中　　a_{kl} ——九参数三阶 Mooney-Rivlin 关系常数；

　　　　K ——体积模量，$K = \dfrac{2 (a_{10} + a_{01})}{1 - 2\nu}$。

当 $N = 1$ 时，式（3-40）变为二常数应变能密度函数：

$$W_2 = a_{10} (I_1 - 3) + a_{01} (I_2 - 3) + 1/2K (I_3 - 1)^2 \tag{3-41}$$

假定橡胶是各向同性的，则式中 I 为应变不变量。

本书中 ANSYS 软件对橡胶支座的模拟采用二常数的 Mooney-Rivlin 应变能密度函数，由式(3-41)可知，只需确定 a_{10} 和 a_{01} 的数值，并采用简化算法，就能够满足工程的要求，即：

$$G = 2(a_{10} + a_{01}) \tag{3-42}$$

由材料力学可知，

$$G = \frac{E}{2(1+\nu)} \tag{3-43}$$

由于橡胶属于超弹材料，在静水压力作用下，体积几乎不变，故取 $\nu \approx 0.5$。由式(3-43)得：

$$G = \frac{E}{3} = 2(a_{10} + a_{01}) \tag{3-44}$$

根据橡胶材料硬度 H_r 与 E 的试验数据[30]，经数值拟合得：

$$\lg E = 0.0198 H_r - 0.5432 \tag{3-45}$$

由式(3-44)和式(3-45)可知，$a_{10} + a_{01}$ 取决于硬度 H_r 的数值。

由不同硬度的橡胶隔震支座实测得出的轴向荷载-变形曲线可以得出 a_{01}、a_{10} 以及 $a_{10} + a_{01}$ 随硬度变化的曲线关系，如图 3-2 所示。

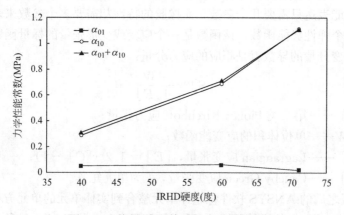

图 3-2　不同硬度下橡胶的力学性能常数

剪切模量 $G = 0.456\text{MPa}$，由式(3-44)得：

$$E = 1.368\text{MPa}, \quad a_{10} + a_{01} = 0.228\text{MPa}$$

由式(3-45)得，$H_r = 34.31$。

根据图 3-2，取 $a_{01} = 0.03$，则 $a_{10} = 0.198$。

另外在 ANSYS 软件中，在 Mooney-Rivlin 二常数性能函数的设置时，还需要输入 d 值。d 值可通过下式确定：

$$d = 2/K \tag{3-46}$$

其中 K 为体积模量，按下式计算：

$$K = \frac{E}{3(1-2\nu)} \tag{3-47}$$

当 $\nu \approx 0.5$ 时，$d = 0$。

3.4.2 叠层钢板的数值模拟

在橡胶支座中，叠层钢板采用 Q235，直径略大于橡胶层的直径，起到约束橡胶层横向变形的作用。

当两种材料之间的无相对滑动或者相对滑动有一定规律时，可以不使用接触单元，而采用耦合和约束方程的方法来模拟两种材料之间的位移关系。这样做的好处是在求解时 ANSYS 的分析仍然是线性的，不存在间隙收敛的问题，同时由于不进行非线性运算，不用进行复杂烦琐的迭代过程，使计算速度成倍加快。

耦合是使一组耦合的节点之间具有相同的位移值。在建模时，无需输入特定的位移值，耦合的目的只是保证耦合节点的位移协调一致。一个模型可以设置多个耦合，每个耦合可以包含多个自由度。

在橡胶支座中，叠层钢板和叠层橡胶之间始终保持着接触，在剪切变形中，二者协调运动，因为可以近似认为二者之间不存在相对滑动和相对滑动的趋势，不存在动摩擦力和静摩擦力。数值模拟时，对于叠层钢板和叠层橡胶之间的接触，采用耦合的方法。故叠层钢板采用 SOLID 186 单元，与叠层橡胶相同，在网格划分时二者也采用相同的网格密度，以使单元平面之间每个位置上的节点一一对应，如图 3-3 所示，其中深色为叠层橡胶，浅色为叠层钢板。

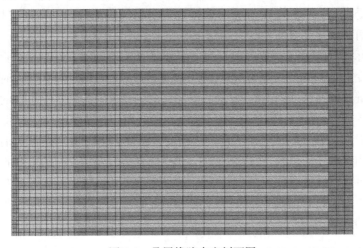

图 3-3　叠层橡胶支座剖面图

3.4.3 钢丝绳的数值模拟

该三维抗倾覆隔震支座所要达到的效果是，在《建筑抗震设计规范》规定的无需验算抗倾覆的多遇地震和设计地震作用下，橡胶隔震支座水平变形从零逐渐增大到极限变形的过程中，抗倾覆装置基本不起作用，橡胶支座水平变形基本不受抗拉构件约束，水平隔震效果基本不受影响；在罕遇大地震作用下，当水平变形达到极限变形时，抗拉构件限制位移的增大而起到抗倾覆的功能。因此水平隔震子装置达到限制位移之前，钢丝绳一直保持松弛状态，也就是说在这之前，钢丝绳对水平隔震子装置的刚度贡献为 0。在水平隔震子装置的位移达到限制位移后，钢丝绳张紧，钢丝绳的刚度计入水平隔震子装置之中。同时钢丝绳的直径与其长度相比很小，忽略其截面剪应力的作用，只考虑轴向拉力的作用。

钢丝绳的这个特点使数值模拟时不仅要关注钢丝绳的材料特性，还要关注钢丝绳的受力特性，才能全面地模拟钢丝绳。该支座采用高强钢丝作为钢丝绳的材料，其弹性模量取 $2.1 \times 10^5 \mathrm{MPa}$，屈服强度为 1470MPa，泊松比为 0.28。

考虑到钢丝绳的受力特性，采用 LINK 10 单元对钢丝绳进行数值模拟。LINK 10 单元是三维杆单元，其数学表达式具有独一无二的双线性刚度矩阵，可以模拟轴向仅受压或者轴向仅受拉的受力情况。当打开只受拉选项时，单元将只有受拉刚度而无受压刚度，即如果单元处于受压状态，单元刚度将会在系统的刚度矩阵中移除。这可以用来模拟钢丝绳在还未张紧时的松弛特性。特别是在用一个 LINK 10 单元模拟整条钢丝绳的静力问题时，这个特性的作用更为显著。LINK 10 单元对系统阻尼矩阵没有贡献。单元的初始应变定义为 Δ/L，其中 Δ 为建模时定义的两个端节点之间的距离 L 与单元零应变时的长度 L_0 之间的差值。当指定只受拉时，负的应变值表示单元处于初始的松弛状态。当指定只受压时，正的应变值表示单元处于初始开裂状态。

在实际对水平隔震子装置的试验中，如图 2-11 所示，水平隔震子装置的滞回曲线在变形达到 9mm 时就出现了"抬头现象"，这与钢丝绳在设计时指定变形达到 49.5mm 时才发挥作用的假设不相符。这主要是因为钢丝绳布置的位置也布置了铅芯，在水平隔震子装置发生位移时，钢丝绳和铅芯之间发生摩擦，铅芯限制了钢丝绳的伸展，间接增加了系统的刚度，曲线斜率增加，相当于钢丝绳提前发挥了作用。由于 LINK 10 单元无法实现对钢丝绳与铅芯相互摩擦的模拟，在建模时，可以改变部分钢丝绳的初始应变，使得这部分钢丝绳在水平变形中提前发挥作用。由于材料的参数也不变，只是改变系统计入钢丝绳刚度的条件，所以系统最终的刚度也不会改变。

3.4.4 水平隔震子装置整体的数值模拟

根据前文的分析和计算，建立如图 3-4 所示的水平隔震子装置的 ANSYS 有限元数值模型。该模型由 32724 个单元组成，其中包含了 200387 个节点。对模型施加 17.15kN 的水平力，其最终的水平位移为 27.22mm。水平隔震子装置数值模拟的滞回曲线和试验的滞回曲线如图 3-5 所示。从图中可以看出，加载时，在变形量从 0mm 增长到 12mm 的过程中，数值模拟的曲线和试验曲线几乎重合，之后数值模拟的曲线斜率大于试验的曲线斜率，由于是力控制，导致最终数值模拟的水平位移的变形量小于试验的变形量。数值模型较好地模拟了滞回曲线的"抬头"现象，说明 LINK 10 单元发挥了应有的作用。但是由于钢丝绳与铅芯的摩擦、剪切、挤压作用机理较为复杂，从实验中也可以看出在不同循环时钢丝绳所起的作用大小不一，因此未能使数值模拟在每一圈都与试验完全重合。

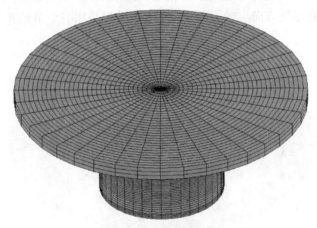

图 3-4　水平隔震子装置的有限元模型

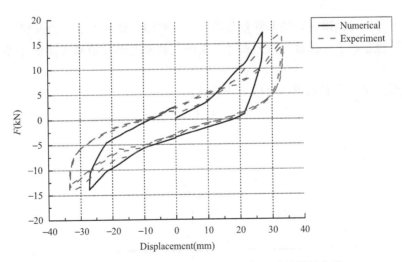

图 3-5　水平隔震子装置的数值模拟与试验的滞回曲线

3.5 竖向隔震子装置的数值模拟

3.5.1 单片碟形弹簧的模拟

碟形弹簧采用高强钢材 60Si2MnA，在模拟时，取如下材料参数：弹性模量 2.06×10^5 MPa、屈服强度 1400MPa、切线模量 70MPa 和泊松比 0.3。

本文采用 SOLID 186 模拟碟形弹簧，并开启缩减积分模式，同时由于单元每条棱边有三个积分点，在网络划分足够精细的情况下，能够很好地避免单元的剪力自锁现象，从而提高计算结果的精度。ANSYS 建模成果如图 3-6 所示，为了提高精度，在厚度方向至少需要两个单元，这里采用三个单元进行模拟。

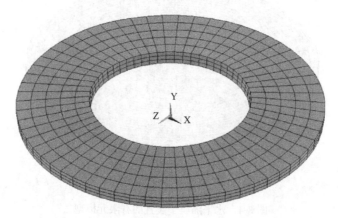

图 3-6 单片碟形弹簧的 ANSYS 有限元模型

碟形弹簧的精确计算是非常复杂的，一般实用计算采用下述的近似公式，其精度就已经足够了。按该近似公式计算出的荷载及变形数值和实测值相差在 5% 以下。

变形为 f 时的荷载 F，可按下式计算：

$$F = \frac{C_1 C E t^4}{r_2^2} \tag{3-48}$$

C 为根据内外径之比 $a = r_2/r_1$ 而定的系数，可按下式计算：

$$C = \left(\frac{a+1}{a-1} - \frac{2}{\ln a} \right) \pi \left(\frac{a}{a-1} \right)^2$$

C_1 是 f/t 和 h_0/t 的函数，按下式计算：

$$C_1 = \frac{f}{(1-\nu^2)t} \left[\left(\frac{h_0}{t} - \frac{f}{t} \right) \left(\frac{h_0}{t} - \frac{f}{2t} + 1 \right) \right]$$

式中　ν——泊松比；

r_1——内径的 $1/2$；

r_2——外径的 $1/2$；

h_0——无支撑面碟形弹簧、压平时变形量计算值；

t——板厚；

E——材料的弹性模量；

F——内外圆周上的荷载；

f——在内外圆周上加载时碟形弹簧的变形。

单片碟形弹簧的理论计算值和按单向加载模拟的数值结果如图 3-7 所示。由图可知，当变形量小于 5mm 时，数值模拟曲线和理论解几乎是相同的。变形量超过 5mm 时，理论解在变形发展的同时，受力略有下降，而数值模拟曲线缓慢增长，但二者的差值非常小。这说明用 SOLID 186 对单片的碟形弹簧进行数值模拟是符合精度要求的，为接下来数值模拟碟形弹簧组提供了可靠的依据。

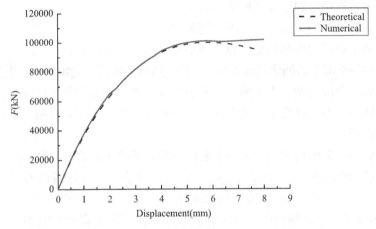

图 3-7 单片碟形弹簧力-位移关系的数值模拟和理论值比较

3.5.2 碟形弹簧组和外导套的数值模拟

碟形弹簧组的材料参数和单片弹簧相同，单元同样选用 SOLID 186。外导套采用钢材 Q235，弹性模量 $2.1×10^5$ MPa、屈服强度 235MPa、切线模量 70MPa 和泊松比 0.28。

接触是典型的状态非线性问题，它是一种高度非线性行为。本文采用面面接触单元，其中目标单元为 TARGE 170，接触单元为 CONTA 174，面面单元可以模拟任何形状的两个表面接触，同时不必事先知道接触的准确位置，支持相对滑动和大应变。这对碟形弹簧组的模拟是非常有利的，因为在碟形弹簧组中，碟形弹簧之间以及碟形弹簧和外导套之间都存在接触的可能，并且在水平力和竖向力的作用下，将发生相对位移。

所有的 ANSYS 接触单元都要采用罚刚度（即接触刚度）来保证接触界面上位移的相互协调。接触弹簧产生变形 δ，满足平衡方程：$F = k\delta$，k 为接触刚度。在数学上，为了保持矩阵的平衡，需要有一定的穿透量，这里表现为 δ 的大小。然而实际的物理接触中，实体之间的接触是不会发生穿透现象的。从式 $F = k\delta$ 可知，如果要求计算精度高，那么穿透量就要求尽量小，在 F 一定的情况下，接触刚度 k 就会很大。但是太大的接触刚度 k 会产生收敛困难，表现为模型可能会振荡，接触表面相互跳开。接触刚度是同时影响计算精度和收敛性的最重要的参数。

实体接触时，除了相互传递法向压力外，还相互传递切向运动，即摩擦。AN-SYS 采用切向罚刚度来保证切向运动的协调性。默认采用 $K_{tangent} = 0.01 K_{normal}$。切向罚刚度和法向罚刚度以同样的方式影响着数值模拟的收敛性和精度。

碟形弹簧之间的接触面积很大，为了保证计算的精度，取法向罚刚度 $FKN = 1.0$；碟形弹簧组和外导套之间的接触面积与碟形弹簧之间的接触面积相比要小得多，取法向罚刚度 $FKN = 0.8$。

接触面和目标面需要根据如下原则确定：

（1）如平面或凹面和凸面接触，则平面或凹面为目标面；

（2）如一个面上的网络较细而另一个面上的网络较粗，则粗网络面为目标面；

（3）如一个面的刚度大于另一个面的刚度，则刚度大的面为目标面；

（4）如一个面由高阶单元建立而另一个面由低阶单元建立，则采用低阶单元的面为目标面；

（5）如一个面的面积大于另一个面的面积，则面积大的面为目标面。

对于碟形弹簧组，由于面面之间采用相同的单元，并且网格的划分是一致的，刚度也相同，故采用对称接触面的方式，即打开 ANSYS 的 Asymmetric Contact Selection，使得面面互为接触面和目标面。对于碟形弹簧组和外导套之间的接触，指定弹簧表面是接触面，外导套表面为目标面。

由于碟形弹簧组之间在刚开始有相当一部分是没有接触的，在计算过程中，孔隙之间的刚度是零。当发生接触时，接触刚度会突然增大，导致刚度矩阵突变，ANSYS 将产生一个负主元警告，致使结果不收敛。为了解决这个问题，在初始接触时需要调整接触条件：在指定的目标面上设置一个"调整环"，位于调整环内的任何接触点都会移动到目标面上，本质上是提供一个适当的过度刚度，使得在计算时不会发生刚度突变。

根据上述方法，建立竖向隔震子装置的有限元模型，如图 3-8 所示，并对其进行了 ANSYS 有限元数值分析，分析中考虑了材料的弹塑性性能、材料之间的法向压力和材料之间的摩擦力。

图 3-9 为竖向隔震子装置滞回曲线的数值模拟结果和试验数据对比。从图中可知，竖向隔震子装置的加载和卸载曲线均呈现出一定的非线性。有限元数值模拟由

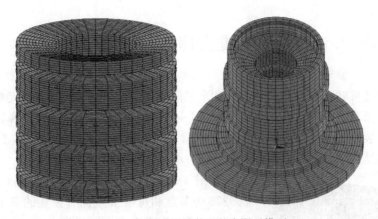

图 3-8　竖向隔震子装置的有限元模型

于是绝对理想的缓慢加载，所以曲线是平滑的，没有试验曲线在加载初产生局部波动的现象。在加载段，刚开始加载时，刚度略大于试验值。在变形量为 2.5mm 到 10mm 之间，数值模拟刚度和试验刚度是一致的。在变形量到达 10mm 以后，数值模拟刚度逐渐减小，而试验刚度基本保持不变。在数值模拟时，由于预留的弹簧竖向空间为 28mm，当变形接近 22mm 时，随着空间的减小和碟形弹簧组的横向变形，碟形弹簧受到越来越多来自外导套的压力，使得数值模拟的变形曲线刚度在后期增大。卸载段，数值模拟刚度和试验刚度均出现先大后小的现象，这是由于摩擦力的存在和弹簧的弹性滞后引起的。数值模拟的滞回曲线面积和试验的滞回曲线面积之比为 0.9513，可知竖向隔震子装置的数值有限元模型在最终变形量和最终耗能能力上和试验结果非常接近，模型的精度可以满足要求。

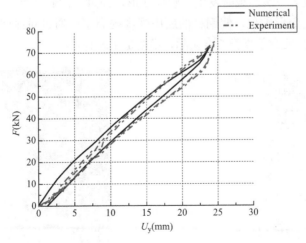

图 3-9　竖向隔震子装置滞回曲线的数值模拟和试验结果对比

47

3.6　三维隔震支座整体的数值模拟

由上述可知，竖向隔震子装置和水平隔震子装置的 ANSYS 有限元数值模型的计算结果和试验的结果基本相符，在上述基础上，建立完整的碟形弹簧三维隔震抗倾覆装置的 ANSYS 有限元数值模型，并对该模型进行数值分析，以及将数值分析的结果与试验数据进行对比，进一步验证模型的有效性。

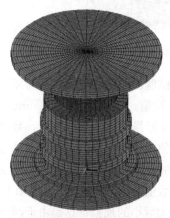

图 3-10　碟形弹簧三维
隔震抗倾覆装置有限元模型

如图 3-10 所示，建立了具有 98363 个单元、309275 个节点和每个节点拥有独立的三个方向自由度的大型 ANSYS 有限元模型。

对 ANSYS 有限元数值模型进行两次加载和一次卸载，图 3-11 为第一次加载时数值模拟的装置变形图，图 3-12 为试验的装置变形图，图 3-13 为模型滞回曲线与试验滞回曲线的对比。从图 3-13 中可以看出，三维装置的滞回曲线接近双线性。第一次加载时，试验曲线在刚开始出现了较大的波动，而数值曲线呈现均匀增长的状态。当加载完毕时，数值模型的最终变形量和试验的最终变形量几乎一致，说明数值模型的等效刚度和试验支座相同。卸载时，数值模型的曲线的斜率略大于试验曲线。在第二次加载时，数值模型曲线拐点处的应力大于第一次加载时的应力，这主要是由于模型内的部分钢材在第一次加载时发生了塑性变形，经过一次卸载后，当再次加载时，钢材内部已产生变形硬化，使钢材的屈服强度提高了。通过对滞回曲线的比较可知，ANSYS 有限元数值模型符合实际，模型是正确有效的。

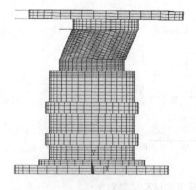

图 3-11　数值模拟的装置变形图

图 3-12　试验时的装置变形图

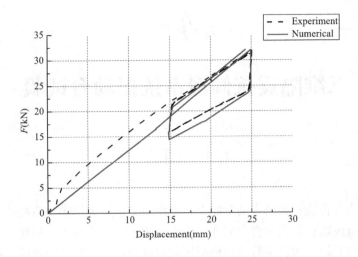

图 3-13　装置整体数值模拟与试验滞回曲线

3.7　本章小结

综上所述，本章给出了三维隔震抗倾覆装置的理论设计依据，合理确定了碟形弹簧三维隔震抗倾覆装置的计算参数，对其进行实体建模分析并与试验结果进行对比。水平隔震子装置和竖向隔震子装置的数值模拟的准确性都得到了试验数据的验证，随后建立了完整的碟形弹簧三维隔震抗倾覆装置的 ANSYS 数值模型，并对其进行了静力加载。通过滞回曲线的对比，验证了碟形弹簧三维隔震抗倾覆装置数值模型的准确性。

▪第4章▪

三维隔震抗倾覆系统振动台试验

4.1 引言

在前述力学性能试验研究的基础上，本章对三维隔震抗倾覆系统进行振动台试验。将三维隔震抗倾覆装置安装在一个大高宽比钢框架模型结构底部，组成三维隔震抗倾覆系统，对其进行地震模拟振动台试验，与不安装三维隔震抗倾覆装置的框架模型结构振动台试验进行对比，研究三维隔震抗倾覆装置在不同地震动下的隔震和抗倾覆效果，为三维隔震抗倾覆系统的进一步理论研究和实际应用提供依据和参考。

4.2 模型结构及其相似关系

试验所用结构模型为5层钢框架模型，模型平、立面图如图4-1所示，平面

角柱截面：角钢-110×10
中柱截面：组合角钢-110×70×8
边跨梁截面：槽钢-100×48×5.3
中跨梁截面：槽钢-80×43×5
次梁截面：槽钢-50×37×4.5

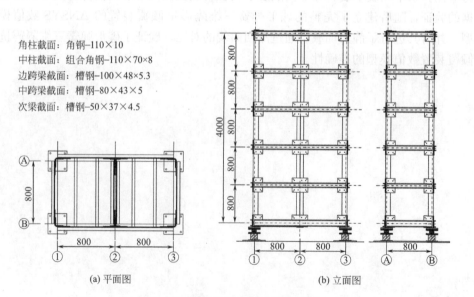

(a) 平面图　　　　　　　　　　(b) 立面图

图4-1　结构模型平面图和立面图

尺寸为 0.8m×1.6m，每层高 0.8m，总高 4.0m。模型柱子采用角钢，角柱为 110×10 等肢角钢，中柱为 2 根 110×70×8 不等肢角钢对背焊接组合而成，梁采用 100×48×5.3 槽钢，梁柱节点为刚性连接。模型自重为 1.86t，每层加人工配重 1.3t，模型总重为 9.66t。图 4-2 和图 4-3 为振动台上不安装（无控）和安装（有控）有 DS-3D-BIORD（Disk Spring Three-Dimensional Base Isolation and Overturn Resistance Device）的模型结构。对于有控结构，在振动台台面上安装有刚性横梁防止发生危险。如图 4-3 所示，结构短跨方向对应于振动台台面 X 向，高宽比为 5；长跨则对应 Y 向，高宽比为 2.5。试验模型是依据试验目的设计制作的，在考虑了支座水平刚度特性、振动台性能参数、施工条件、吊车起吊能力等方面的因素后，取时间相似比为 1∶5，利用量纲分析方法得到模型主要参数的相似系数见表 4-1。

图 4-2 不安装 DS-3D-BIORD 的模型结构　　图 4-3 安装有 DS-3D-BIORD 的模型结构

结构模型与原型的相似关系　　　　　　　　表 4-1

物理量	符号	相似关系	相似系数
长度	S_l	模型 l/原型 l	1/25
弹性模量	S_E	模型 E/原型 E	1
加速度	S_a	模型 a/原型 a	1
质量	S_m	$S_m = S_E S_l^2 / S_a$	1/625

物理量	符号	相似关系	相似系数
时间	S_t	$S_t = \sqrt{s_l/s_a}$	1/5
频率	S_f	$S_f = 1/S_t$	5
速度	S_v	$S_v = \sqrt{S_l S_a}$	1/5
应力	S_σ	$S_\sigma = S_E$	1
应变	S_ε	$S_\varepsilon = 1$	1
力	S_F	$S_F = S_E S_l^2$	1/625
刚度	S_K	$S_K = S_E S_l$	1/25

4.3　振动台试验方案

　　试验设备采用广州大学抗震研究中心的三向六自由度振动台。在模型结构测试系统中，测试内容包括加速度、位移和力。在每个三维装置下面都安装有一个三向力传感器，用于测量基底剪力和轴向力。同时在隔震层还布置有测量隔震层水平和竖向位移的激光位移传感器。在振动台台面以及结构的每层均布置有4381V 型加速度传感器，以测量结构在三个方向上的加速度反应。

　　根据试验需要，依据场地类型，选定分别属于不同场地类型的 4 条地震动记录作为地震模拟振动台的台面输入，各条地震动记录的名称、所属场地类型及各分量的幅值等详细信息列于表 4-2。地震动三向输入到模型结构，各个方向幅值比例按照原始地震动记录比例进行调整，其主向加速度峰值按照《建筑抗震设计规范》调幅为 200gal 和 400gal，相当于 8 度设防和 8 度罕遇烈度，试验分无控和有控，共 66 个工况，其中的两个工况为白噪声扫频试验，以获得无控和有控结构的自振特性，试验的详细加载方案如表 4-3 和表 4-4 所示，表中各输入分量的排列对应结构的 X、Y、Z 向。

试验用地震动记录 表 4-2

场地 类型	记录 名称	分量	记录间隔 (s)	持时 (s)	峰值 (cm/s^2)	三个方向 幅值比例
Ⅰ类场地	1985，Michoacan， Mexico，La Union	90 # 180 Vert	0.01	62.74	−147.06 162.79 120.94	0.9034 1 0.7429
Ⅱ类场地	1940，ElCentro， El Centro-lmp Vall lrr Dist	NS# WE Vert	0.02	53.4	341.70 210.14 −206.35	1 0.615 0.6039

场地类型	记录名称	分量	记录间隔(s)	持时(s)	峰值(cm/s²)	三个方向幅值比例
Ⅲ类场地	1994,Northridge, Canoga Park	116 196♯ Vert	0.02	55.58	−343.2 380.98 409.56	0.838 0.9302 1
Ⅳ类场地	1995,Kobe, Osaka	0♯ 90 Vert	0.02	120	78.7 62.23 −62.92	1 0.7907 0.7995

有控试验加载方案 表4-3

试验工况	输入地震动	输入方向	输入加速度峰值 g	说明
A 0	白噪声(0.1~40Hz)	X、Y、Z	0.1	
A 1	El Centro-NS	Y	0.2041	8 度设防
A 2	Kobe-0	Y	0.2041	8 度设防
A 3	Mexico-90	Y	0.4082	8 度罕遇
A 4	El Centro-NS	Y	0.4082	8 度罕遇
A 5	Northridge-196	Y	0.4082	8 度罕遇
A 6	Kobe-0	Y	0.4082	8 度罕遇
A 7	El Centro-NS	X	0.2041	8 度设防
A 8	Kobe-0	X	0.2041	8 度设防
A 9	Mexico-90	X	0.4082	8 度罕遇
A 10	El Centro-NS	X	0.4082	8 度罕遇
A 11	Northridge-196	X	0.4082	8 度罕遇
A 12	Kobe-0	X	0.4082	8 度罕遇
A 13	El Centro-vert	Z	0.2041	8 度设防
A 14	Kobe-vert	Z	0.2041	8 度设防
A 15	Mexico-vert	Z	0.4082	8 度罕遇
A 16	El Centro-vert	Z	0.4082	8 度罕遇
A 17	Northridge-vert	Z	0.4082	8 度罕遇
A 18	Kobe-vert	Z	0.4082	8 度罕遇
A 19	El Centro-NS+vert	Y+Z	0.2041+0.1232	8 度设防
A 20	Kobe-0+vert	Y+Z	0.2041+0.1632	8 度设防
A 21	El Centro-NS+vert	Y+Z	0.4082+0.2464	8 度罕遇
A 22	Kobe-0+vert	Y+Z	0.4082+0.3264	8 度罕遇
A 23	El Centro-NS+vert	X+Z	0.2041+0.1232	8 度设防

续表

试验工况	输入地震动	输入方向	输入加速度峰值 g	说明
A 24	Kobe-0＋vert	$X+Z$	0.2041＋0.1632	8 度设防
A 25	El Centro-NS＋vert	$X+Z$	0.4082＋0.2464	8 度罕遇
A 26	Kobe-0＋vert	$X+Z$	0.4082＋0.3264	8 度罕遇
A 27	El Centro-NS＋WE	$X+Y$	0.2041＋0.1255	8 度设防
A 28	Kobe-0＋90	$X+Y$	0.2041＋0.1614	8 度设防
A 29	Mexico-90＋180	$X+Y$	0.3688＋0.4082	8 度罕遇
A 30	El Centro-NS＋WE	$X+Y$	0.4082＋0.2510	8 度罕遇
A 31	Northridge-196＋116	$X+Y$	0.4082＋0.3677	8 度罕遇
A 32	El Centro-NS＋WE＋vert	$X+Y+Z$	0.2041＋0.1255＋0.1232	8 度设防
A 33	Kobe-0＋90＋vert	$X+Y+Z$	0.2041＋0.1614＋0.1632	8 度设防
A 34	Mexico-90＋180＋vert	$X+Y+Z$	0.3688＋0.4082＋0.3033	8 度罕遇
A 35	El Centro-NS＋WE＋vert	$X+Y+Z$	0.4082＋0.251＋0.2464	8 度罕遇
A 36	Northridge-196＋116＋vert	$X+Y+Z$	0.3797＋0.3421＋0.4082	8 度罕遇
A 37	El Centro-vert	Z	0.6327	9 度罕遇
A 38	Kobe-vert	Z	0.6327	9 度罕遇

无控试验加载方案 表 4-4

试验工况	输入地震动	输入方向	输入加速度峰值 g	说明
B 0	白噪声(0.1~40Hz)	$X、Y、Z$	0.1	
B 1	El Centro-NS	Y	0.2041	8 度设防
B 2	Kobe-0	Y	0.2041	8 度设防
B 3	Mexico-90	Y	0.4082	8 度罕遇
B 4	El Centro-NS	Y	0.4082	8 度罕遇
B 5	Northridge-196	Y	0.4082	8 度罕遇
B 6	Kobe-0	Y	0.4082	8 度罕遇
B 7	El Centro-NS	X	0.2041	8 度设防
B 8	Kobe-0	X	0.2041	8 度设防
B 9	Mexico-90	X	0.4082	8 度罕遇
B 10	El Centro-NS	X	0.4082	8 度罕遇
B 11	Northridge-196	X	0.4082	8 度罕遇
B 12	Kobe-0	X	0.4082	8 度罕遇
B 13	El Centro-vert	Z	0.2041	8 度设防
B 14	Kobe-vert	Z	0.2041	8 度设防

续表

试验工况	输入地震动	输入方向	输入加速度峰值 g	说明
B 15	Mexico-vert	Z	0.4082	8 度罕遇
B 16	El Centro-vert	Z	0.4082	8 度罕遇
B 17	Northridge-vert	Z	0.4082	8 度罕遇
B 18	Kobe-vert	Z	0.4082	8 度罕遇
B 19	El Centro-NS+WE	$Y+Z$	0.2041+0.1232	8 度设防
B 20	Kobe-0+vert	$Y+Z$	0.2041+0.1632	8 度设防
B 21	El Centro-NS+WE	$X+Z$	0.2041+0.1232	8 度设防
B 22	Kobe-0+vert	$X+Z$	0.2041+0.1632	8 度设防
B 23	El Centro-NS+WE	$X+Y$	0.2041+0.1255	8 度设防
B 24	Kobe-0+90	$X+Y$	0.2041+0.1614	8 度设防
B 25	El Centro-NS+WE+vert	$X+Y+Z$	0.2041+0.1255+0.1232	8 度设防
B 26	Kobe-0+90+vert	$X+Y+Z$	0.2041+0.1614+0.1632	8 度设防

四个装置在振动台上负载结构自重及配重，静态时受力分别为 25.4kN、22.86kN、24.9kN 和 22.23kN，合计 95.39kN，与上文所述的 9.66t 基本相等。

4.4　单向地震动输入地震反应分析

本书目的是研究在不同场地类型、不同加速度峰值的地震动作用下，所提出的三维隔震抗倾覆装置对高层建筑结构模型的三维隔震及抗倾覆效果。为此，下面将考察隔震抗倾覆结构模型与普通结构模型的动力特性、加速度反应、基底剪力、隔震层反应，并对它们进行对比分析。

通过对白噪声扫频试验得到的模型加速度反应进行频谱分析，得到无控结构 X、Y、Z 三个方向的一阶自振频率分别为 3.88Hz、5.15Hz 和 15.91Hz，有控结构三个方向的一阶自振频率分别为 1.9Hz、1.9Hz 和 2.91Hz。

4.4.1　加速度反应

在不同峰值加速度的各类场地地震动单向输入下，结构各层绝对加速度控制效果对比见表 4-5。图 4-4 和图 4-5 中对应工况的输入方向为小高宽比方向（即结构 Y 向）。其中，图 4-4 为五层模型结构在峰值加速度为 200gal 的 El Centro 和 Kobe 地震动输入下的加速度反应放大系数对比，图 4-5 为模型结构在峰值加速度为 400gal 的 4 条不同场地类别地震动 Mexico、El Centro、Northridge 和 Kobe

输入下的加速度反应放大系数对比。其中，加速度放大系数定义为各层加速度响应峰值与台面实际加速度峰值的比值。从图中和表中可以看出，对所给出的 4 条不同场地类型地震动，隔震装置对模型结构三个方向的加速度反应都有很好的隔震效果：在结构小高宽比方向，对顶层加速度反应的控制效果都不小于 65%；对 El Centro 地震动，隔震装置的隔震效果不受加速度输入峰值的影响；对于 Kobe 地震动，由于所采用地震动记录属于Ⅳ类场地，为长周期地震动，在个别楼层上隔震装置对这类场地地震动的隔震效果相对要差一些，在设防烈度时，隔震层的加速度控制效果不明显，在罕遇烈度时，隔震层的加速度则比无控时有轻微放大。

各类场地地震动单向输入下的加速度控制效果　　　　　　　　表 4-5

输入地震动	峰值	场地类型	方向	5 层	4 层	3 层	2 层	1 层	隔震层
El Centro	200gal	Ⅱ	Y	85.2%	89.6%	85.2%	79.0%	73.6%	60.2%
Kobe	200gal	Ⅳ	Y	71.6%	79.4%	79.1%	63.8%	38.5%	2.5%
Mexico	400gal	Ⅰ	Y	84.5%	87.7%	82.9%	80.3%	78.6%	73.6%
El Centro	400gal	Ⅱ	Y	83.1%	85.6%	84.2%	79.2%	69.0%	65.0%
Northridge	400gal	Ⅲ	Y	65.3%	74.5%	80.0%	66.6%	60.6%	54.6%
Kobe	400gal	Ⅳ	Y	68.8%	78.9%	73.8%	55.5%	20.3%	−20.6%
El Centro	200gal	Ⅱ	X	82.0%	84.3%	82.9%	82.0%	69.0%	62.9%
Kobe	200gal	Ⅳ	X	68.4%	82.0%	83.7%	57.7%	15.8%	−7.3%
Mexico	400gal	Ⅰ	X	82.7%	84.7%	80.7%	77.2%	82.4%	81.0%
El Centro	400gal	Ⅱ	X	76.3%	83.5%	84.9%	82.0%	79.3%	76.7%
Northridge	400gal	Ⅲ	X	78.0%	88.8%	90.4%	72.7%	57.8%	48.0%
Kobe	400gal	Ⅳ	X	66.8%	84.9%	83.5%	42.8%	−15.4%	−36.2%
El Centro	200gal	Ⅱ	Z	43.6%	36.6%	42.8%	40.0%	43.6%	39.3%
Kobe	200gal	Ⅳ	Z	56.2%	52.3%	50.8%	54.2%	47.3%	54.0%
Mexico	400gal	Ⅰ	Z	55.2%	56.0%	56.4%	56.3%	37.9%	53.0%
El Centro	400gal	Ⅱ	Z	61.6%	51.5%	55.6%	54.2%	43.0%	56.8%
Northridge	400gal	Ⅲ	Z	14.2%	6.9%	15.4%	14.3%	1.4%	6.3%
Kobe	400gal	Ⅳ	Z	57.8%	53.3%	57.4%	55.3%	47.6%	50.1%

注：加速度控制效果＝（无控加速度反应/无控台面实际输入－有控加速度反应/有控台面实际输入）/（无控加速度反应/无控台面实际输入）。

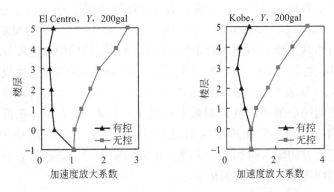

图 4-4　结构 Y 向输入峰值 200gal 时的加速度控制效果

注：图中竖向坐标 0 代表一层底部，−1 代表振动台台面

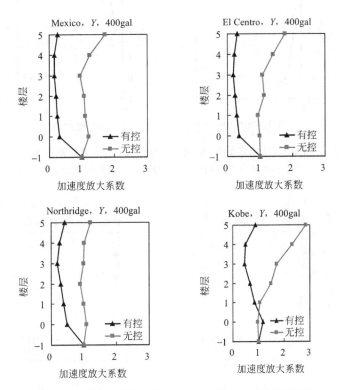

图 4-5　结构 Y 向输入峰值 400gal 时的加速度控制效果

注：图中竖向坐标 0 代表一层底部，−1 代表振动台台面

图 4-6 和图 4-7 中对应工况的输入方向为结构的大高宽比方向。其中，图 4-6

为五层模型结构在峰值加速度为 200gal 的 El Centro 和 Kobe 地震动输入下的加速度反应放大系数对比，图 4-7 为模型结构在峰值加速度为 400gal 的 4 条不同场地类别地震动 Mexico、El Centro、Northridge 和 Kobe 输入下的加速度反应放大系数对比，与小高宽比方向输入时相似，隔震装置对结构的加速度反应控制效果明显：除 Kobe 地震动对应工况外，隔震装置对结构各层的加速度反应控制效果都不小于 48%；随着加速度输入峰值的增大，El Centro 输入时，靠近结构底部的隔震层和结构一层的加速度控制效果提高了，Kobe 输入时，靠近结构底部的隔震层和结构一、二层的加速度控制效果反而降低；对于长周期的 Kobe 地震动，与小高宽比方向输入时相比，大高宽比方向输入时，隔震装置对隔震层和结构一、二层的加速度反应控制效果要差。

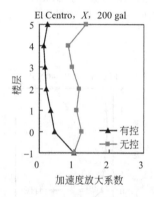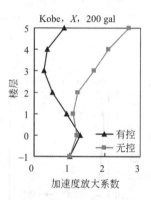

图 4-6 结构 X 向输入峰值 200gal 时的加速度控制效果
注：图中竖向坐标 0 代表一层底部，−1 代表振动台台面

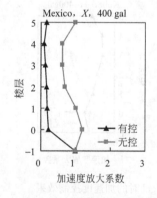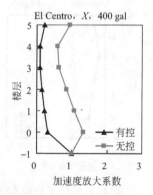

图 4-7 结构 X 向输入峰值 400gal 时的加速度控制效果
注：图中竖向坐标 0 代表一层底部，−1 代表振动台台面 （一）

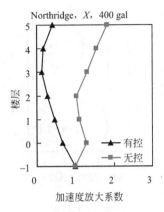
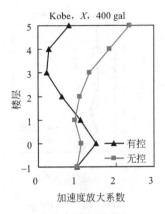

图 4-7　结构 X 向输入峰值 400gal 时的加速度控制效果

注：图中竖向坐标 0 代表一层底部，−1 代表振动台台面（二）

图 4-8、图 4-9 及表 4-6 对应工况的输入方向为结构的竖向。其中，图 4-8 为 5 层模型结构在峰值加速度为 200gal 的 El Centro 和 Kobe 地震动输入下的加速度反应放大系数对比，图 4-9 为模型结构在峰值加速度为 400gal 的 4 条不同场地类别地震动 Mexico、El Centro、Northridge 和 Kobe 输入下的加速度反应放大系数对比，表 4-6 为模型结构在峰值加速度为 620gal 的 El Centro 和 Kobe 地震动输入下的有控加速度反应放大系数。从图中和表中可以看出，隔震装置对结构的竖向加速度反应控制效果明显，除了 Northridge 地震动对应工况外，加速度控制效果不小于 36%；随着加速度输入峰值的增大，El Centro 输入时的加速度控制效果相应提高了，而 Kobe 地震动输入时则没有大的变化；对于 Northridge 地震动，控制效果则相对差一些，最大控制效果仅为 15.4%。

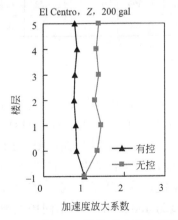
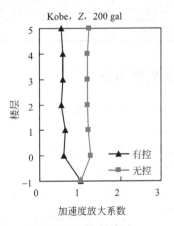

图 4-8　结构 Z 向输入峰值 200gal 时的加速度控制效果

注：图中竖向坐标 0 代表一层底部，−1 代表振动台台面

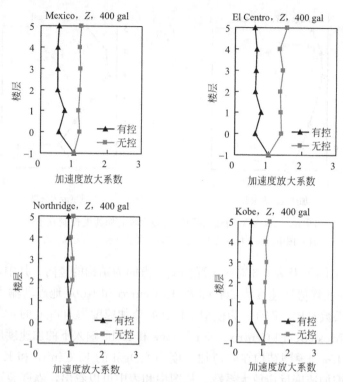

图 4-9　结构 Z 向输入峰值 400gal 时的加速度控制效果

注：图中竖向坐标 0 代表一层底部，−1 代表振动台台面

单向输入下模型结构各层加速度放大系数　表 4-6

工况	输入地震动	方向	5 层	4 层	3 层	2 层	1 层	隔震层	Max
A21	El Centro	Z	0.595	0.566	0.599	0.543	0.673	0.529	0.673
A22	Kobe	Z	0.430	0.411	0.400	0.409	0.465	0.428	0.465

4.4.2　基底剪力反应

表 4-7 为在不同峰值加速度的各类场地地震动单向输入下，模型结构基底剪力控制效果对比。图 4-10～图 4-13 为对应工况下基底剪力时程的对比。其中，图 4-10 和图 4-11 对应工况的输入方向为结构的小高宽比方向，图 4-12 和图 4-13 对应工况的输入方向为结构的大高宽比方向，图 4-10 和图 4-12 为模型结构在峰值加速度为 200gal 的 El Centro 和 Kobe 地震动输入下的基底剪力反应时程对比，图 4-11 和图 4-13 为模型结构在峰值加速度为 400gal 的 4 条不同场地类别地震动 Mexico、El Centro、Northridge 和 Kobe 输入下的基底剪力反应时程对比。从表中和图中可以看出，不管地震动是从模型结构的小高宽比方向还是大高宽比方向

输入，隔震装置对结构的基底剪力反应的控制效果都很明显，且受场地类型和加速度输入峰值的影响小。随着地震动特征周期的延长，控制效果有所降低，由于模型结构和隔震装置的空间特性，随着加速度输入峰值的增大，控制效果亦有轻微的下降，但是不明显。在小高宽比方向，控制效果最小值为67%，最大值为84.4%；在大高宽比方向，控制效果最小值为69.1%，最大值为86.7%。

各类场地地震动单向输入下的基底剪力控制效果　　　　表4-7

输入地震动	峰值	场地类型	输入(方向)	控制效果
El Centro	200gal	Ⅱ	Y	84.4%
Kobe	200gal	Ⅳ	Y	74.2%
Mexico	400gal	Ⅰ	Y	78.9%
El Centro	400gal	Ⅱ	Y	84.2%
Northridge	400gal	Ⅲ	Y	75.3%
Kobe	400gal	Ⅳ	Y	67.0%
El Centro	200gal	Ⅱ	X	80.1%
Kobe	200gal	Ⅳ	X	72.4%
Mexico	400gal	Ⅰ	X	80.9%
El Centro	400gal	Ⅱ	X	77.1%
Northridge	400gal	Ⅲ	X	86.7%
Kobe	400gal	Ⅳ	X	69.1%

注：基底剪力效果＝（无控基底剪力反应/无控台面实际输入－有控基底剪力反应/有控台面实际输入）/（无控基底剪力反应/无控台面实际输入）。

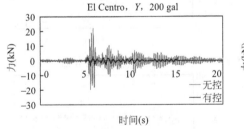

图4-10　结构Y向输入峰值200gal时的基底剪力反应时程对比

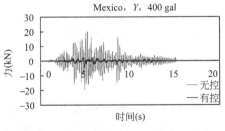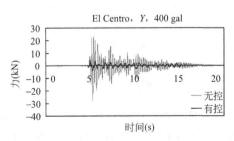

图4-11　结构Y向输入峰值400gal时的基底剪力反应时程对比（一）

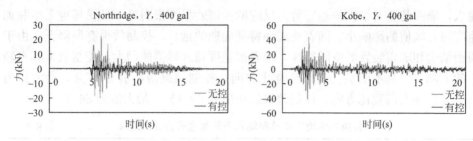

图 4-11　结构 Y 向输入峰值 400gal 时的基底剪力反应时程对比（二）

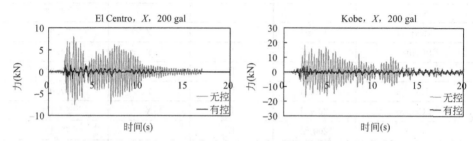

图 4-12　结构 X 向输入峰值 200gal 时的基底剪力反应时程对比

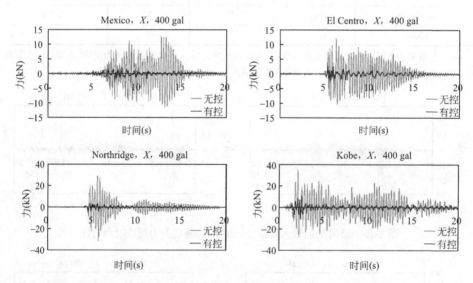

图 4-13　结构 X 向输入峰值 400gal 时的基底剪力反应时程对比

4.4.3　位移反应

在地震动水平单向输入时，由于三维隔震抗倾覆装置的竖向是柔性的，由变化的地震作用力引发的装置反力的变化，必然导致装置产生竖向位移，形成滞回曲线。而在地震动竖向单向输入时，隔震层则不会产生水平变形。

图 4-14 和图 4-15 为以上所述单方向输入工况下，三维隔震装置部分水平向和竖向滞回曲线。从试验结果的分析和图中可以看到，装置的水平向和竖向滞回曲线饱满，耗能能力强，在小变形下也能进行耗能；与静力试验时相比，滞回曲线的形状和特性具有一致性，能够较好地相吻合，表明装置具有较好的稳定性；在同样峰值加速度的地震动作用下，从结构 Y 向输入时的装置水平向和竖向位移要大于从结构 X 向输入时的位移，并且随着加速度峰值的增大，位移也随之增大。

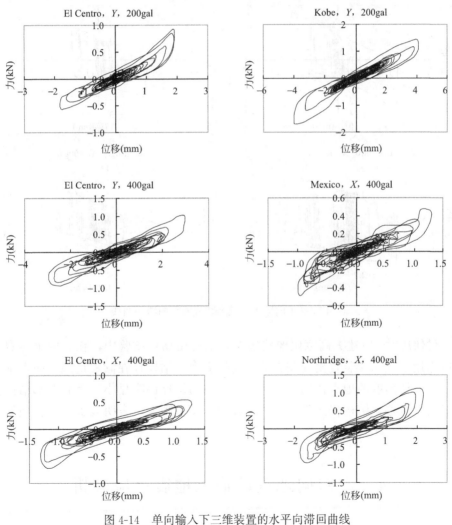

图 4-14　单向输入下三维装置的水平向滞回曲线

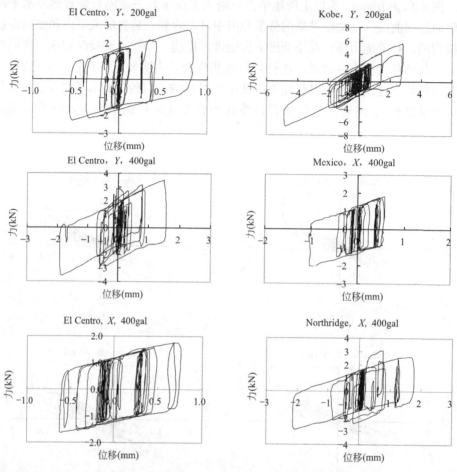

图 4-15 单向输入下三维装置的竖向滞回曲线

付伟庆[31] 所述大高宽比橡胶垫隔震结构振动台试验中，在 8 度罕遇烈度地震作用下，隔震装置出现较大的竖向拉应力，结构存在倾覆危险。而本试验中，在同样烈度的地震作用下，装置的竖向动位移仍明显小于承载上部结构自重时的静位移，结构仍然是安全的，并没有发生倾覆，表明装置具有较强的可靠性。

4.5 双向地震动输入地震反应分析

双向输入下的详细试验加载工况见表 4-3 和表 4-4。下面就双向输入下的结构模型动力反应进行对比分析。

4.5.1　加速度反应

表 4-8 为在 200gal 的峰值加速度的 El Centro 和 Kobe 地震动双向输入下的结构加速度控制效果对比。表 4-9 为在 400gal 峰值加速度的 4 条不同地震动双向输入下的结构各层加速度放大系数。

表 4-8 和表 4-9 中对应序号 1～4 的试验工况的输入方向为结构的水平 Y 方向和竖向。从表中可以看出，三维装置对结构两方向的加速度反应有明显的控制效果：对于 El Centro 地震动，除隔震层的控制效果仅为 29.2% 外，结构一层以上 Y 方向的加速度控制效果都大于 70%，在竖直方向上，加速度控制效果最小值为 28.7%，最大值为 36.2%；对于 Kobe 地震动，除了隔震层无控制效果及结构一层的控制效果为 39.1% 外，结构二层以上的加速度控制效果都大于 64%，但是从上部结构的最大加速度反应来看，有控结构的最大加速度反应仍明显小于无控结构，控制效果为 65.2%，隔震效果明显，在竖直方向上，加速度控制效果最小值为 30.6%，最大值为 38.9%。与输入加速度峰值为 200gal 时相似，当输入加速度峰值为 400gal 时，对于 El Centro 地震动，有控结构各层两个方向的加速度放大系数都小于 1，并且都要小于 200gal 时对应的值；对于 Kobe 地震动，有控结构各层竖直方向的加速度放大系数都小于 1，且同样要小于 200gal 时对应的值，但是在水平 Y 方向上，结构个别层的加速度放大系数则略大于 200gal 时对应的值。可以预计在罕遇烈度地震作用下，三维装置对结构的加速度反应仍有很好的隔震效果。

双向输入下模型结构加速度控制效果　　　　　　　　　　　　　　表 4-8

序号	工况	输入地震动	方向	5 层	4 层	3 层	2 层	1 层	隔震层
1	A19，B19	El Centro	Y	78.6%	84.4%	83.1%	77.5%	71.9%	29.2%
			Z	36.2%	28.7%	31.9%	32.2%	31.0%	32.2%
2	A20，B20	Kobe	Y	70.9%	78.4%	78.3%	64.4%	39.1%	0.1%
			Z	33.3%	36.5%	30.6%	32.6%	38.9%	36.6%
5	A23，B23	El Centro	X	78.2%	77.0%	77.4%	80.9%	72.8%	71.1%
			Z	21.5%	14.0%	24.5%	20.9%	24.3%	18.5%
6	A24，B24	Kobe	X	68.0%	80.6%	84.5%	54.5%	−0.7%	−37.4%
			Z	26.5%	29.9%	28.5%	27.4%	32.3%	31.5%
9	A27，B27	El Centro	X	82.0%	82.2%	82.6%	86.8%	82.5%	77.3%
			Y	70.8%	74.8%	78.5%	76.4%	58.2%	37.2%
10	A28，B28	Kobe	X	71.9%	84.2%	82.1%	58.1%	12.9%	−17.4%
			Y	45.8%	47.4%	56.9%	46.1%	15.4%	−15.9%

双向输入下模型结构各层加速度放大系数　　　　　　　表 4-9

序号	工况	输入地震动	方向	5 层	4 层	3 层	2 层	1 层	隔震层	Max
3	A21	El Centro	Y/Z	0.35/0.76	0.22/0.79	0.16/0.83	0.24/0.80	0.28/0.83	0.43/0.81	0.43/0.83
4	A22	Kobe	Y/Z	0.93/0.55	0.52/0.56	0.45/0.58	0.73/0.56	0.95/0.57	1.26/0.54	1.26/0.58
7	A25	El Centro	X/Z	0.20/0.73	0.11/0.71	0.09/0.76	0.13/0.69	0.21/0.78	0.28/0.69	0.28/0.78
8	A26	Kobe	X/Z	0.84/0.56	0.32/0.53	0.24/0.50	0.66/0.50	1.16/0.56	1.66/0.54	1.66/0.56
11	A29	Mexico	X/Y	0.19/0.63	0.10/0.45	0.12/0.34	0.12/0.51	0.18/0.63	0.21/0.78	0.21/0.78
12	A30	El Centro	X/Y	0.22/0.51	0.08/0.37	0.08/0.29	0.17/0.36	0.27/0.42	0.35/0.51	0.35/0.51
13	A31	Northridge	X/Y	0.35/0.27	0.16/0.13	0.13/0.11	0.23/0.13	0.40/0.19	0.55/0.33	0.55/0.33

对应序号 5～8 的试验工况的输入方向为结构的水平 X 方向和竖向。从表中可以看出，在水平 X 向及竖向双向输入下，三维装置对结构两方向的加速度反应同样有着明显的控制效果：对于 El Centro 地震动，各层的控制效果较为均匀，在水平 X 向上，加速度控制效果都大于 70%，最小值为 71.1%，最大值为 80.9%，在竖直方向上，加速度控制效果最小值为 14%，最大值为 24.5%；对于 Kobe 地震动，隔震层及结构一层无控制效果，但是上部结构的有控最大加速度反应仍明显小于无控最大反应，控制效果可达 41.2%，结构二层以上的加速度控制效果都大于 54%，最大控制效果为 80.6%，在竖直方向上，加速度控制效果较为均匀，最小值为 26.5%，最大值为 36.3%。与输入加速度峰值为 200gal 时相似，当输入加速度峰值为 400gal 时，对于 El Centro 地震动，有控结构各层两个方向的加速度放大系数都小于 1，并且都要小于 200gal 时对应的值；对于 Kobe 地震动，有控结构各层竖直方向的加速度放大系数都小于 1，且同样要小于 200gal 时对应的值，但是在水平 X 向上，其值与 200gal 时差别不大，且隔震层及结构一层的加速度放大系数大于 1。可以预知，在 400gal 的地震动作用下，装置对结构水平 X 向和竖向双向加速度反应同样有较好的控制效果。与水平 Y 向和竖向两方向输入时相比，水平 X 向和竖向两方向输入时的加速度反应整体控制效果要稍微差一些。

对应序号 9～13 的试验工况的输入方向为结构两个水平向。从表中数据可以看到，三维装置对结构两水平向的加速度反应有明显的控制效果：对于 El Centro 地震动，在水平 X 向上的控制效果较均匀，且都不小于 77%，最大值为 86.8%，在水平 Y 方向上，除了隔震层和结构首层的控制效果稍差，分别为 37.2% 和 58.2% 外，其余各层的控制效果均不低于 70%；对于 Kobe 地震动，在两个方向上，除隔震层和首层无明显控制效果外，其余各层的加速度控制效果分别不小于 58% 和 45%，但是上部结构的有控最大加速度反应仍明显小于无控最大反应，控制效果可达 52% 和 45.8%。与输入加速度峰值为 200gal 时相似，当输入加速度峰值为 400gal 时，对于 El Centro 地震动，有控结构各层两个方向的加速度放大系数都小于 1；对于 Mexico 和 Northridge 地震动，有控结构各层两个方向的加速度放大系数都明显小于 1，可以预测，三维装置对这两类地震动也具有隔震效果。

上部结构加速度反应放大系数对比如图 4-16～图 4-18 所示。

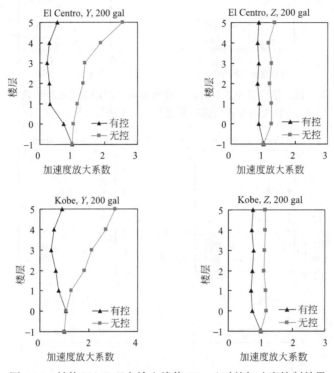

图 4-16　结构 $Y+Z$ 双向输入峰值 200gal 时的加速度控制效果

注：图中竖向坐标 0 代表一层底部，−1 代表振动台台面

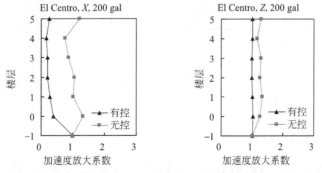

图 4-17　结构 $X+Z$ 双向输入峰值 200gal 时的加速度控制效果

注：图中竖向坐标 0 代表一层底部，−1 代表振动台台面（一）

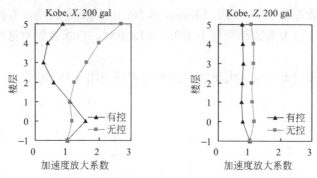

图 4-17 结构 $X+Z$ 双向输入峰值 200gal 时的加速度控制效果

注：图中竖向坐标 0 代表一层底部，−1 代表振动台台面（二）

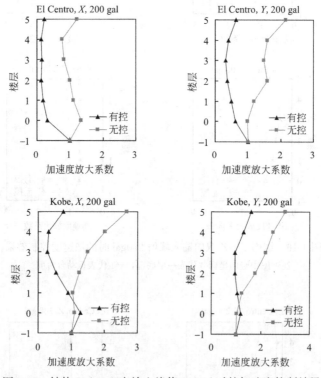

图 4-18 结构 $X+Y$ 双向输入峰值 200gal 时的加速度控制效果

注：图中竖向坐标 0 代表一层底部，−1 代表振动台台面

4.5.2 基底剪力反应

表 4-10 为在 200gal 峰值加速度的 El Centro 和 Kobe 地震动双向输入下，结构基底剪力控制效果对比。图 4-19～图 4-21 为相应的基底剪力反应时程的对比。其中，图 4-19 对应工况的输入方向为结构的小高宽比方向及竖向，图 4-20 对应

工况的输入方向为结构的大高宽比方向及竖向，图 4-21 对应工况的输入方向为结构的两个水平向。表 4-11 所示为峰值加速度为 400gal 的 3 条不同地震动双向输入下的有控结构基底剪力反应。从图表中可以看出，三维装置对双向地震动输入下结构的基底剪力反应的控制效果显著：除了在 Kobe 地震动水平双向输入时的水平 Y 向剪力控制效果为 57.4% 外，其余工况下的结构基底剪力控制效果都不小于 72%，最大时可达 83.9%；对于 El Centro 地震动输入时的控制效果要好于 Kobe 地震动输入。

双向输入下模型结构基底剪力控制效果 表 4-10

序号	输入地震动	方向	控制效果
1	El Centro	Y	83.9%
2	Kobe	Y	73.6%
5	El Centro	X	74.5%
6	Kobe	X	72.9%
9	El Centro	X	80.2%
		Y	77.7%
10	Kobe	X	72.2%
		Y	57.4%

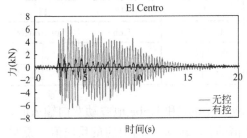
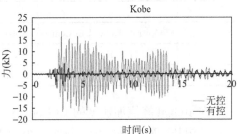

图 4-19　结构 $Y+Z$ 向输入峰值 200gal 时的基底剪力反应时程对比

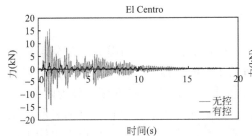
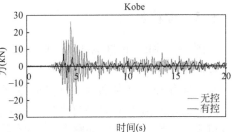

图 4-20　结构 $X+Z$ 向输入峰值 200gal 时的基底剪力反应时程对比

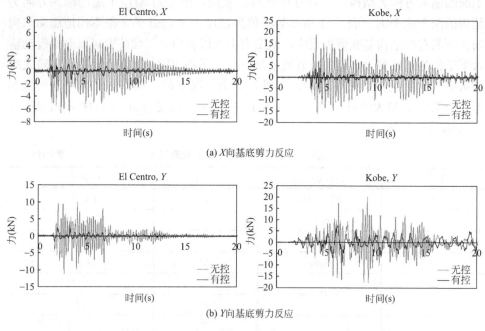

(a) X向基底剪力反应

(b) Y向基底剪力反应

图 4-21　结构 X＋Y 向输入峰值 200gal 时的基底剪力反应时程对比

双向输入下模型结构基底剪力　　　　　　　　　　　　　表 4-11

序号	3	4	7	8	11		12		13	
输入地震动	El Centro	Kobe	El Centro	Kobe	El Centro		Kobe		Northridge	
方向	Y	Y	X	X	X	Y	X	Y	X	Y
剪力(kN)	4.12	14.88	2.32	11.77	1.97	10.39	2.41	4.51	3.78	2.41

在 400gal 峰值加速度的 El Centro、Northridge 和 Kobe 地震动双向输入时，有控结构基底剪力反应仍比较小，小于 2 倍的 200gal 输入时对应的反应值，说明在高烈度地震动输入下，对所给出的 3 条场地地震动，三维装置仍然具有明显的隔震作用。

4.5.3　位移反应

图 4-22 和图 4-23 为表 4-3 所述双向输入工况下，三维隔震装置部分水平向和竖向滞回曲线。从图中可以看出，装置的水平向位移仍比较小，这是由于装置的水平向和竖向存在耦合，且竖向刚度比较小。装置的竖向位移可分为两部分，一部分为水平激励下的竖向位移，另一部分为竖向激励下的位移，且前者所占比重更大。装置的水平向和竖向滞回曲线饱满，耗能能力强，在小变形下也能进行有效耗能，与静力试验时的滞回曲线能够很好地吻合。在同样峰值加速度的地震

动作用下，水平 Y 向及竖向双向输入时的装置水平向和竖向位移要大于水平 X 向及竖向双向输入时的位移，且都大于单方向水平输入时装置的位移。

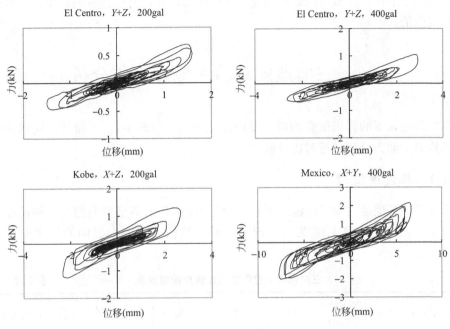

图 4-22　双向输入下三维装置的水平向滞回曲线

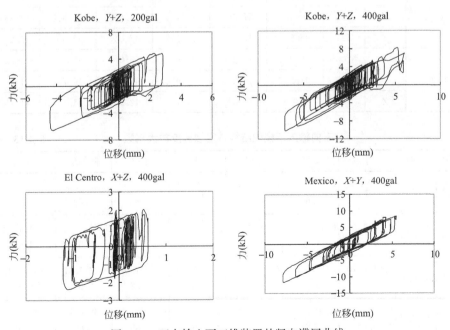

图 4-23　双向输入下三维装置的竖向滞回曲线

在本文的试验中，装置在承载上部结构自重时的静位移约为24mm左右，而在8度罕遇烈度地震动作用下，装置的竖向位移最大值仅为8mm左右，远小于静载时的24mm，也就是说装置仍处于受压状态，并没有要倾覆的迹象，结构仍然是安全的。

4.6 三向地震动输入地震反应分析

三向输入下的详细试验加载工况同样见表4-3和表4-4。下面就三向输入下的结构模型动力反应进行对比分析。

4.6.1 加速度反应

在不同场地地震动三向输入下，5层模型结构各层各个方向的绝对加速度控制效果见表4-12。表4-13为各工况下，模型结构各层各个方向的加速度放大系数。

三向输入下模型结构加速度控制效果 表4-12

输入地震动	方向	输入峰值(gal)	5层	4层	3层	2层	1层	隔震层
El Centro	X	200	80.8%	80.8%	83.1%	86.5%	80.1%	78.7%
	Y	123	50.4%	57.2%	74.4%	71.5%	54.3%	34.2%
	Z	121	45.8%	47.0%	48.0%	47.0%	52.0%	45.2%
Kobe	X	200	66.8%	80.2%	82.8%	55.0%	0.7%	−46.2%
	Y	158	41.2%	46.6%	55.9%	44.5%	16.7%	−16.8%
	Z	160	7.4%	10.0%	14.1%	12.1%	14.1%	11.7%

三向输入下模型结构各层加速度放大系数 表4-13

工况	方向	5层	4层	3层	2层	1层	隔震层	Max
A32	$X/Y/Z$	0.23/1.03/0.67	0.15/0.65/0.66	0.13/0.37/0.68	0.13/0.44/0.66	0.21/0.57/0.63	0.30/0.78/0.69	0.30/1.03/0.69
A33	$X/Y/Z$	0.89/1.63/1.04	0.40/1.28/1.02	0.28/0.92/1.00	0.58/0.97/0.98	1.06/1.06/1.04	1.51/1.21/1.07	1.51/1.63/1.07
A34	$X/Y/Z$	0.21/0.70/0.59	0.10/0.50/0.58	0.15/0.39/0.57	0.16/0.70/0.57	0.25/1.02/0.58	0.36/1.47/0.63	0.36/1.47/0.63
A35	$X/Y/Z$	0.25/0.61/0.68	0.10/0.41/0.62	0.10/0.27/0.59	0.18/0.31/0.57	0.27/0.38/0.60	0.39/0.72/0.60	0.39/0.72/0.68

续表

工况	方向	5层	4层	3层	2层	1层	隔震层	Max
A36	$X/Y/Z$	0.40/1.12/ 0.45	0.23/0.41/ 0.48	0.22/0.26/ 0.52	0.30/0.43/ 0.46	0.53/0.60/ 0.50	0.73/1.51/ 0.47	0.73/1.51/ 0.52
B25	$X/Y/Z$	1.19/2.07/ 1.24	0.76/1.52/ 1.24	0.79/1.45/ 1.31	0.98/1.53/ 1.25	1.05/1.25/ 1.31	1.41/1.19/ 1.25	1.41/2.07/ 1.31
B26	$X/Y/Z$	2.67/2.77/ 1.13	2.00/2.40/ 1.14	1.62/2.09/ 1.16	1.29/1.75/ 1.12	1.06/1.27/ 1.21	1.03/1.03/ 1.21	2.67/2.77/ 1.21

从表中可以看出，对分别为短周期和长周期地震动的 El Centro 和 Kobe，隔震装置对模型结构的三向加速度反应有着较好的隔震效果。El Centro 地震动输入时，在结构 X 和 Z 方向上的控制效果较均匀，分别不小于 78.7% 和 45.2%；在结构 Y 向上，装置对结构隔震层的加速度控制效果差一些，仅为 34.2%，其余结构层的控制效果则不低于 50.4%。Kobe 地震动三向输入时，装置对隔震层和结构首层的两个水平方向的加速度反应控制效果要差一些，尤其是隔震层的加速度反应是放大的，而结构 2 层以上的两个水平方向的加速度反应控制效果分别是 X 方向上不小于 55%，Y 方向上不小于 41.2%，但是从上部结构的最大加速度反应来看，有控结构的最大加速度反应仍明显小于无控结构，控制效果分别为 43.4% 和 41.2%，隔震效果明显；对竖直方向上的加速度反应控制效果则不如 El Centro 输入下的情况，最小值仅为 7.4%，最大值为 14.1%。与加速度峰值为 200 gal 的 Kobe 三向地震动输入时相似，当加速度峰值为 400 gal 的 Mexico、El Centro 和 Northridge 三向地震动输入时，有控结构各层 X 方向和竖直方向上的加速度放大系数都明显小于 1，而 Y 方向上，隔震层或结构顶层的加速度放大系数则可能略大于 1，可以预计，装置对结构在这些地震动作用下的加速度反应也有良好的控制效果。

4.6.2　基底剪力反应

表 4-14 为在 200 gal 峰值加速度的 El Centro 和 Kobe 地震动三向输入下的结构基底剪力控制效果。图 4-24 所示为部分工况下，模型结构基底剪力反应时程。从表中和图中可以看出，隔震装置对三向地震动输入下结构的基底剪力反应的控制效果显著。随着地震动特征周期的延长，控制效果有所降低，El Centro 地震动作用下的控制效果在两个水平方向上都要比 Kobe 地震动作用下大 10% 左右；同时，在结构水平 X 方向上的控制效果也要比 Y 方向上大 10% 左右。在 400 gal 峰值加速度的 Mexico、El Centro 和 Northridge 地震动三向输入时，有控结构的基底剪力反应仍比较小，说明在更高烈度的这些地震动输入下，隔震装置仍然具有明显的隔震作用。

三向输入下模型结构基底剪力控制效果　　　　　表 4-14

输入地震动	方向	输入峰值(gal)	控制效果
El Centro	X	200	81.7%
	Y	123	71.4%
Kobe	X	200	71.2%
	Y	158	58.7%

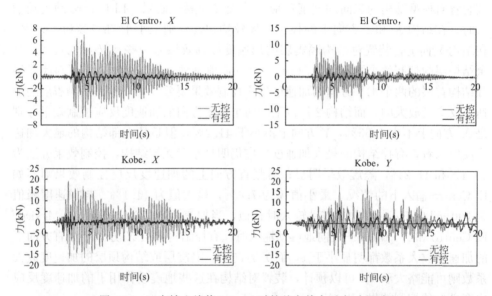

图 4-24　三向输入峰值 200 gal 时的基底剪力反应时程对比

4.6.3　位移反应

　　图 4-25 和图 4-26 分别为以上所述三向输入工况下，三维装置的部分水平向和竖向滞回曲线。从图中可以看出，装置的水平向和竖向滞回曲线饱满，耗能能力强，在小变形下也能有效地进行耗能，与静力试验时的滞回曲线能够较好地吻合。在 8 度罕遇烈度地震作用下，结构并没有发生倾覆，仍然是安全的，表明装置具有较强的可靠性。但是，由于装置的竖向刚度比较小，使得装置的竖向位移比较大，结构的倾角反应亦比较大，故装置的竖向刚度应当进行更加合理的设计，以满足可使用性要求。

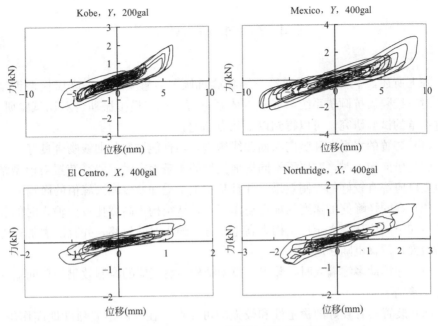

图 4-25　三向输入下三维装置水平向滞回曲线

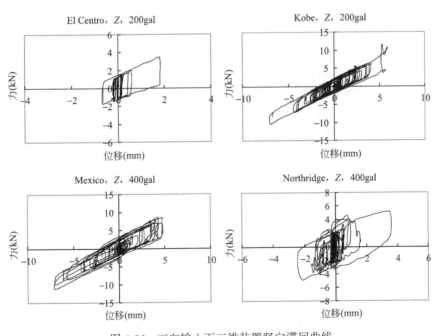

图 4-26　三向输入下三维装置竖向滞回曲线

4.7　本章小结

综上所述，本章将碟形弹簧三维隔震抗倾覆装置安装在一高层模型钢结构上，对三维隔震抗倾覆系统与非隔震体系进行了地震模拟振动台对比试验研究。通过本章的试验研究，可以得到以下几点结论：

（1）装置的水平向和竖向滞回曲线饱满，与性能试验的曲线吻合良好。

（2）单向输入时，对属于不同场地类型的 4 条地震动，隔震装置对模型结构的地震反应都有较好的控制效果，并且基本上不受加速度输入峰值的影响。

（3）在同样峰值加速度的地震动作用下，从结构小高宽比方向输入时的装置水平向和竖向位移要大于从结构大高宽比方向输入时的位移，并且随着加速度峰值的增大，位移也随之增大。

（4）地震动多维输入时，装置对模型结构地震反应的控制效果与单向输入时相比，差别不大。

（5）装置具有较好的稳定性和较强的可靠性，在 8 度罕遇烈度地震作用下，装置的竖向位移远小于预压值，表明结构仍然是安全的，不会倾覆，但倾角反应比较大，表明装置的竖向刚度应当进行更加合理的设计，以满足可使用性要求。

■第5章■

考虑三维隔震的大高宽比结构动力响应分析

5.1　引言

　　隔震层边缘橡胶支座不能受拉以及不能超过受压极限限制了隔震结构的高宽比。以往研究主要集中在如何减小橡胶支座的拉应力，以及在满足橡胶支座拉压力限制的前提下，如何确定上部结构的高宽比限值。本章主要研究大高宽比三维隔震结构地震响应随高宽比变化的规律，分析时考虑了竖向地震动对结构的影响。

5.2　数值计算方法

　　ETABS是集建筑结构分析与设计为一体的大型工程设计软件，在 ETABS中，收入了诸多设计规范，通过其强大的功能，可以胜任动力分析和非线性分析，包括振型分析、反应谱分析和时程分析。

　　时程分析法是一种直接动力分析方法，在数学上称为逐步积分法，在设计中属于"动态设计"。时程分析法首先将连续物体简化为多个离散的节点的多自由度体系，然后将地震动按时段数值化后直接输入结构的振动微分方程，最后采用逐步积分的方法求出结构在整个地震动时间历程内的各种响应。时程分析法可以比较精确地计算出结构的内力和变形，从理论上，时程分析方法比反应谱法更为先进，但由于计算量大以及发生地震时地面运动的不易预测性，目前时程分析法只是作为反应谱法的一种补充算法。

1. 时程分析数值计算方法

　　时程分析法数值计算的多自由度体系的振动微分方程如下所示：

$$[M]\{\ddot{x}\} + [C]\{\dot{x}\} + [K]\{x\} = -[M]\{\ddot{x}_g\} \tag{5-1}$$

式中　　$[M]$、$[C]$、$[K]$——分别为结构的质量矩阵、阻尼矩阵和刚度矩阵；

　　　　$\{\ddot{x}\}$、$\{\dot{x}\}$、$\{x\}$——分别为质点的加速度、速度和位移向量；

$\{\ddot{x}_g\}$——地面运动加速度向量。

在时程分析中，$[M]$、$[C]$、$[K]$ 是随着时间的变化而变化的，无法求出其精确数值解，需要对运动方程进行迭代求解。在求解过程中，将式（5-1）转化为用增量表达的形式：

$$[M]\{\Delta\ddot{x}\} + [C]\{\Delta\dot{x}\} + [K]\{\Delta x\} = -[M]\{\Delta\ddot{x}_g\} \qquad (5\text{-}2)$$

在求解上述增量形式的微分方程过程中，需要假设在时间增量为 Δ 的时间范围内，即在 $[t，t+\Delta]$ 时间内加速度的变化规律，从而确定出 t 时刻和 $t+\Delta$ 时刻位移、速度和加速度之间的关系。根据假设的不同，目前采用的方法有中心差分法、Newmark-β 法、Wilson-θ 法等。ETBAS 的时程分析采用振型叠加和增量法相结合的方法，需要确定分析类型、分析初始条件、阻尼、迭代控制参数和地震动等。

2. 地震动的选取

采用时程分析法对结构进行地震响应分析时，选用的地震动主要有以下三类：（1）建设场地的实际地震记录的地震动；（2）典型的强震记录的地震动，如 El Centro 波、Taft 波等；（3）人工模拟地震动。

《建筑抗震设计规范》规定，在采用时程分析法时，应按建筑场地类别和设计地震分组选用实际强震记录和人工模拟的加速度时程曲线，其中实际强震记录的数量不应少于总数的 2/3，多组时程曲线的平均地震影响系数曲线应与振型分解反应谱法所采用的地震影响系数曲线在统计意义上相符，即在对应于结构主要振型的周期点上相差不大于 20%。计算结果在结构主方向的平均底部剪力一般不小于振型分解反应谱法计算结果的 80%，并不大于 120%；每条地震动输入的计算结果不小于 65%，并不大于 135%。

正确选择输入的地震加速度时程曲线，要满足地震动三要素的要求，即有效峰值、频谱特性和持续时间。

我国现行《建筑抗震设计规范》给出的时程分析所用地震加速度时程的有效峰值如表 5-1 所示。

时程分析所用地震加速度时程的有效峰值（cm/s²）　　　表 5-1

地震烈度	6 度	7 度	8 度	9 度
多遇地震	18	35(55)	70(110)	140
罕遇地震	125	220(310)	400(510)	620

注：括号内数值分别用于设计基本地震加速度为 $0.15g$ 和 $0.30g$ 的地区。

地震动频谱特性包含卓越周期、峰值、谱形状等因素。地震发生时，一般地震动的卓越周期与场地土的自振周期相近，因此频谱特性可依据工程所处的场地类别和设计地震分组确定，并用地震影响系数曲线表征。

地震动的持续时间，一般从首次达到该时程曲线最大峰值的 10% 那一点算起，到最后一点达到最大峰值的 10% 为止，无论是实际的强震记录还是人工模拟波形，持续时间一般为结构基本周期的 5~10 倍，即结构顶点的位移可按基本周期往复 5~10 次。由于 ETABS 采用的是时间增量的方式对地震动激励全程进行模拟，需要确定计算的时间间隔 Δ，然后在 Δ 内对结构的振动微分方程进行数值积分运算。当总持续时间一定时，Δ 取值越小，需要计算的次数就越多，若 Δ 太大，则会造成数值分析的收敛困难，并且精度无法满足要求。一般情况下，选择时间间隔为 0.01~0.02s，可以在合理使用计算机资源的同时，满足计算精度的要求。

3. 连接单元的选取

碟形弹簧三维隔震抗倾覆装置在 ETABS 中采用 Isolator 1 单元和 Hook 单元并联的形式来模拟该装置的水平隔震性能和竖向抗拉性能。Isolator 1 连接单元用来模拟碟形弹簧三维隔震抗倾覆装置的竖向隔震子装置和水平隔震子装置中叠层橡胶与叠层钢板的作用。其具有两个水平方向剪切变形耦合的塑性属性，对其他 4 个自由度具有线性的有效刚度属性。对每一个剪切变形自由度，可以独立地指定线性或者非线性属性。Hook 单元如图 5-1 所示，用来模拟碟形弹簧三维隔震抗倾覆装置的水平隔震子装置中钢丝绳的作用。该单元只能承受拉力，而不能承受压力。其非线性的力-变形关系如下：

$$f = k(d_k - \Delta) \qquad d - \Delta > 0 \tag{5-3}$$
$$f = 0 \qquad d - \Delta \leqslant 0 \tag{5-4}$$

式中　k——弹簧刚度；

　　d_k——弹簧的内部变形；

　　Δ——设置的钩起作用的间隙长度。

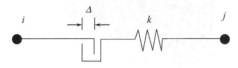

图 5-1　ETABS 中的 Hook 单元

可知，当拉伸变形量大于设置的长度 Δ 时，Hook 单元为系统提供刚度 k；当拉伸变形量小于等于设置的长度 Δ 时，Hook 单元不为系统提供刚度，不影响系统的刚度矩阵。

5.3 模型概况

该模型的建筑平面布置和结构方案参照新疆喀什某小区高层住宅楼。根据《建筑抗震设计规范》附录 A 及第 5 章有关内容，该高层住宅的设防烈度为 8 度，设计基本地震加速度值为 $0.30g$，设计地震分组为第三组，在多遇地震和罕遇地震下的水平地震影响系数最大值分别为 0.24 和 1.20。场地类别为 Ⅱ 类，特征周期为 $0.45s$，计算罕遇地震时，特征周期为 $0.45+0.05=0.50s$（根据《建筑抗震设计规范》5.1.4 条，当计算罕遇地震时，特征周期应增加 $0.05s$）。如图 5-2 所示，建筑在 X 向水平投影的最小宽度为 $48.8m$，Y 向水平投影的最小宽度为 $12.5m$。当建模高度取为 $64.5m$ 时，根据《建筑抗震设计规范》，该建筑的高宽比为 $64.5/12.5=5.16$，属于大高宽比结构。

图 5-2 喀什某小区住宅楼 ETABS 数值模型

根据《建筑抗震设计规范》和《叠层橡胶隔震支座隔震技术规程》的有关规定，经过设计得到隔震层的布置如图 5-3 所示。

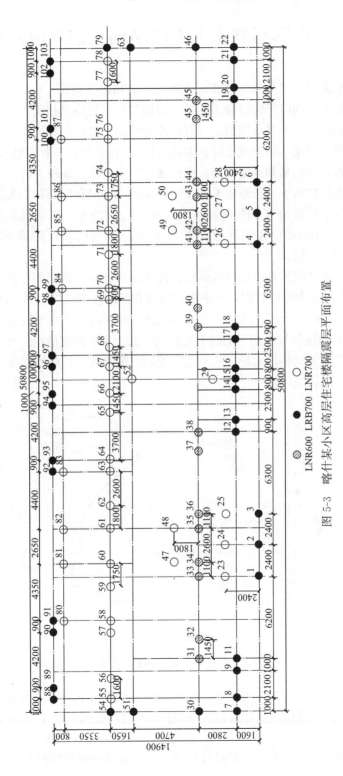

图 5-3 喀什某小区高层住宅楼隔震层平面布置

5.4　相同高宽比下不同结构地震反应对比

对该模型采用三维激励的方式，即在 X、Y 和 Z 方向按 $1:0.85:0.65$ 的比例输入地震激励，同时竖向反应谱的特征周期与水平反应谱相比，尤其在中远震中距时，明显要小于水平反应谱。所以在确定竖向反应谱的特征周期时，采用地震分组第一组。采用三组加速度时程曲线（El Centro 波、Taft 波和人工模拟波）进行时程分析，将结果和振型分解反应谱法的结果对比，取较大值。

在设防地震作用下，普通隔震支座隔震层的 X 向层间位移达到 113mm，而三维隔震支座隔震层的 X 向层间位移只有 106mm，略小于水平隔震支座层间位移。ETABS 中 Hook 单元的间隙设置为 100mm，说明在设防地震的作用下，Hook 单元发挥了作用。

非隔震、水平隔震和三维隔震结构在设防地震作用下的层间位移如图 5-4 和图 5-5 所示。从图中可以看到，水平隔震结构和三维隔震结构的 X 向层间位移均要小于非隔震结构，同时三维隔震结构的层间位移要略小于水平隔震结构。三维隔震结构的 Y 向层间位移在三层以上的数值略大于水平隔震结构，在三层以下其数值小于水平隔震结构。无论是水平隔震还是三维隔震，其数值都要小于非隔震结构，约为非隔震结构的一半。

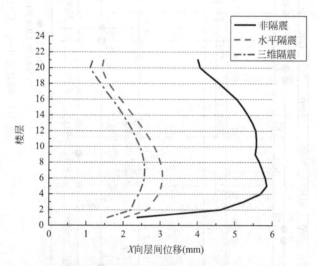

图 5-4　设防地震作用下三种结构体系的 X 向层间位移

非隔震、水平隔震和三维隔震结构在设防地震作用下的层间剪力如图 5-6 和图 5-7 所示，隔震结构的底部剪力在 X 向和 Y 向均要明显小于非隔震结构，但是在 Y 向，随着楼层增高而减小的过程中，层间剪力出现起伏，经总信息查看，并没有形成薄弱层，符合《建筑设计抗震规范》对竖向规则性的要求。三维隔震

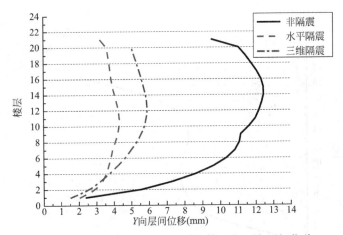

图 5-5　设防地震作用下三种结构体系的 Y 向层间位移

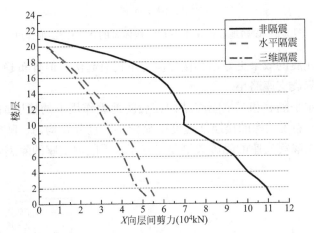

图 5-6　设防地震作用下三种结构体系的 X 向层间剪力

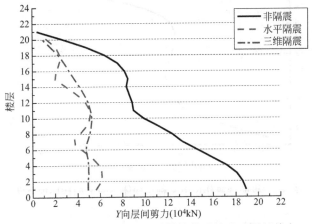

图 5-7　设防地震作用下三种结构体系的 Y 向层间剪力

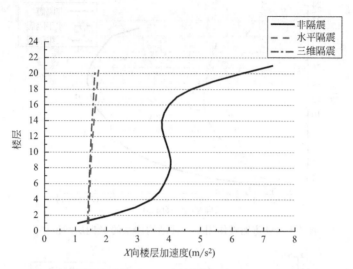

图 5-8　设防地震作用下三种结构体系的 *X* 向楼层加速度

的效果比水平隔震的效果更好，其楼层剪力虽仍有起伏，但分布趋于均匀，其底部剪力比水平隔震支座略小。

　　非隔震、水平隔震和三维隔震结构在设防地震作用下的楼层加速度如图 5-8 和图 5-9 所示，隔震结构的楼层加速度明显减小，且分布均匀，随楼层的增加而缓慢增加。三维隔震支座的隔震效果要略好于水平隔震支座的隔震效果。

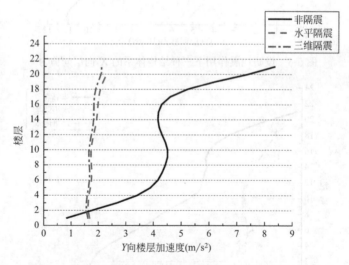

图 5-9　设防地震作用下三种结构体系的 *Y* 向楼层加速度

在罕遇地震作用下，普通隔震支座隔震层的 X 向层间位移达到 280mm，而三维隔震支座隔震层的 X 向层间位移只有 252mm，略小于隔震支座的层间位移，说明钢丝绳起到了限位的作用。非隔震、水平隔震和三维隔震在罕遇地震作用下的动力特性（层间位移、层间剪力和楼层加速度）如图 5-10～图 5-15 所示，三维隔震支座在罕遇地震下的隔震效果与在设防地震下的隔震效果相似。

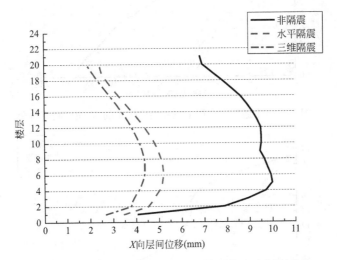

图 5-10　罕遇地震作用下三种结构体系的 X 向层间位移

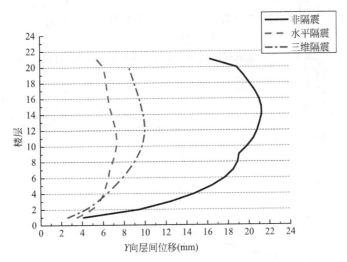

图 5-11　罕遇地震作用下三种结构体系的 Y 向层间位移

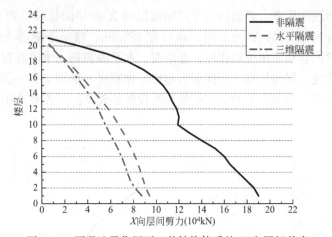

图 5-12　罕遇地震作用下三种结构体系的 X 向层间剪力

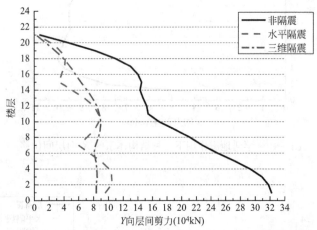

图 5-13　罕遇地震作用下三种结构体系的 Y 向层间剪力

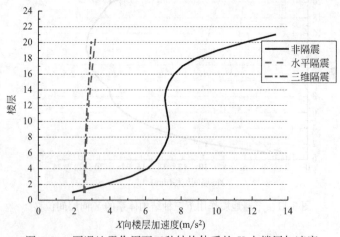

图 5-14　罕遇地震作用下三种结构体系的 X 向楼层加速度

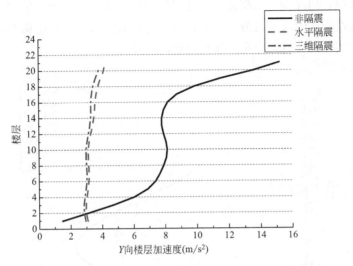

图 5-15 　罕遇地震作用下三种结构体系的 Y 向楼层加速度

5.5 　三维隔震结构地震响应随高宽比变化

为了研究三维隔震结构在高宽比逐渐增大时的动力响应，未对三维隔震层的参数和上部结构进行大的改动，通过增加楼层而改变高宽比，进而对高宽比为 5.16、5.4、5.64、5.88、6.12、6.36、6.6 的三维隔震结构进行了研究分析和对比。

图 5-16 为设防地震作用下随高宽比逐渐增加的结构 X 向的水平层间位移。从图中可以看出，在 16 层以下，层间位移随着高宽比的增加而略有减小，楼层的最大层间水平位移在高宽比由 5.16 变为 5.4 时，减小得最多，之后随着高宽比的增加，略有减小。在高宽比为 6.12 和 6.36 时，层间水平位移随着楼层的增大出现波动，特别是当高宽比为 6.36 时，这种波动更为明显，最大响应出现在第 10 层和第 24 层。但当高宽比增大到 6.6 时，这种波动趋于平稳。除了高宽比为 6.36 的结构，其他结构的顶层层间位移均小于底层的层间位移。

如图 5-17 所示，楼层层间 Y 向侧向刚度比 X 向小，故水平位移的绝对值要大于 X 向。当高宽比由 5.16 增大到 5.88 时，楼层的层间水平位移呈现增大的趋势，当高宽比增大到 6.12 时，层间水平位移减小，当高宽比继续增加到 6.6 时，层间位移趋于稳定，从图中可以看到高宽比为 6.36 和 6.6 的结构的层间位移几乎相同。

从两个方向的层间位移分析可以看出，在三维隔震结构的水平位移随高宽比增大的过程中，均存在一个高宽比，使得结构的位移反应最大，位移反应随着楼层编号增大而变化的波动也最大。在这个高宽比数值的附近，结构的反应趋于稳定。所以在实际设计时，应避开波动区段的高宽比。

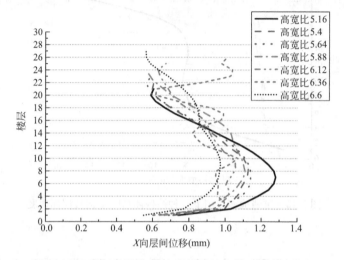

图 5-16　三维隔震结构 X 向水平层间位移随高宽比变化

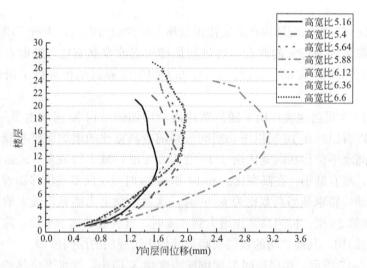

图 5-17　三维隔震结构 Y 向水平层间位移随高宽比变化

如图 5-18 所示，结构的底部剪力随着高宽比的增加而减小。当高宽比为 5.16 和 5.4 时，X 向层间剪力的增长趋势相同，在 14 层以下，高宽比为 5.4 结构的 X 向层间剪力比高宽比为 5.16 的结构要小；在 14 层以上，高宽比为 5.4 结构的层间剪力略大于高宽比为 5.16 的结构。在高宽比达到 5.88 时，曲线开始随着楼层的增高而发生波动，在高宽比达到 6.36 时，波动程度达到最大，在高宽比达到 6.6 之后，波动趋于稳定。高宽比为 5.4、5.64、5.88、6.12 和 6.36 的结构的曲线都在 13 层与高宽比为 5.16 和 5.4 的结构相交，13 层以下小于后者的数值，13 层以上大于后者的数值。高宽比为 6.6 的结构底部剪力最小，同时增长趋势较缓。

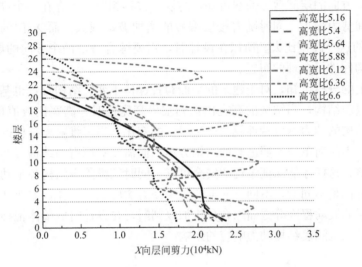

图 5-18　三维隔震结构 X 向层间剪力随高宽比变化

如图 5-19 所示，结构的底部剪力随着高宽比的增加而减小。高宽比为 5.16 和 5.4 结构的层间剪力曲线基本相同，但波动较大。当高宽比增加到 5.64 时，

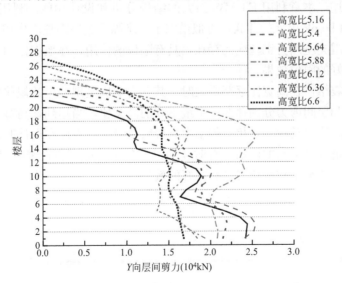

图 5-19　三维隔震结构 Y 向层间剪力随高宽比变化

曲线趋于稳定。当高宽比增加到 5.88 时，在中部楼层，层间剪力增长较大，但在上部楼层中，层间剪力又随着楼层的增加迅速减小。当高宽比增大到 6.12 时，曲线的形状与高宽比为 5.88 时相似，但数值减小到高宽比为 5.64 时的水平。之后层间剪力随着高宽比的增加而减小，曲线变化也随着高宽比的增加而趋于稳定。

从两个方向的层间剪力曲线可知，与层间位移相似，也存在一个高宽比，使结构的层间剪力最大，同时随着楼层编号的增加波动很大。而 X 向的这个高宽比比 Y 向的这个高宽比大。所以在设计时，需要综合考虑两个方向的层间剪力，对抗侧力构件进行合理的布置。

从以上的分析可知，对于建筑的平面布置保持不变、结构布置也基本保持不变的三维隔震结构，当结构的高宽比达到临界高宽比时，高宽比数值稍微增加，三维隔震结构的动力响应特性就会产生很多的变化。当三维隔震结构的总高度发生变化时，不能简单地参照已有的结构方案，而需要对原有的结构方案重新进行分析和调整，这样才能保证结构的安全可靠。同时三维隔震结构各个动力响应的最不利高宽比是不同的，不同方向上的各个动力响应也不一样，需要从反应最大值和随楼层的波动程度等方面综合分析加以判断，在设计时应整体把握，综合考虑高宽比对三维隔震结构动力响应的影响。

5.6　本章小结

综上所述，本章利用 ETABS 强大的结构分析和设计功能，利用已有 Isolator 1 单元和 Hook 单元的并联，近似模拟了三维隔震支座在地震作用下的隔震性能。三维隔震支座因为钢丝绳的存在，具有限位的作用，在地震作用下，对于本模型具有较好的限位效果。

三维隔震结构在高宽比逐渐增大时，其动力响应呈现一定的规律性。对于层间水平位移和层间剪力分别存在一个最不利的高宽比，当达到该高宽比时，结构的动力响应曲线波动较大，相对的动力响应数值最大。因此在设计时，应从概念设计的角度把握高宽比的取值，有时候通过调整结构的高宽比来满足规范要求，也许会比通过调整结构的布置具有更好的效果。

■第6章■

三维隔震结构性能指标及设计流程

6.1 引言

目前用来描述结构容许破坏和使用性能的参数较多，有能量、力（如剪力、轴力）、加速度等参数。由于隔震建筑的性能目标主要由结构的舒适度以及结构的变形进行双重控制，因此，本章在结合文献资料和规范的基础上，考虑三维隔震结构的地震反应特点，采用水平加速度、竖向加速度和倾角这三个参数作为高层三维隔震结构的性能指标。

隔震支座的力学性能稳定，力学模型简单，数值模拟分析时计算方便。改变隔震支座的刚度以及其他的参数条件，或者改变隔震层的布置可以得到不一样的结构性能目标。隔震结构可以通过隔震支座来消减地震的破坏作用，从而使传到上部结构的地震能量衰减，最终结构的安全性和使用的舒适性都得到相应的提高。

本章对基础隔震结构性能水准和设防目标等做了详细的介绍，提出三维隔震结构基于性能设计的流程。把性能目标的确定、上部结构的概念设计、隔震层的设计以及结构性能的评估这四个方面作为性能设计的主要内容，并做了详细介绍。

6.2 隔震结构性能水准和设防目标

对于性能水准的解释是：在指定的地震灾害水平下，用建筑物的性能水准来表示建筑物的性能。性能水准不是连续的，而是离散的，就是从结构的众多种类破坏状况中挑选几种有实质性的、有代表性的破坏状态。

目前较普遍的两种隔震技术分别为基础隔震和层间隔震，本书研究的对象为三维基础隔震。对于结构而言，有关结构的设防水准问题，近年来国内专家对此开展了研究探讨，大致可以分成两种观点：一种观点是按照与不隔震时一样的性能要求进行设计，其结果可以使隔震房屋不会因为增加了隔震层而导致造价的提高，总体来说有较好的经济性。但是，其设防水准依然只是达到我国抗震规范要求的"小震不坏，中震可修，大震不倒"，没有从实质上提高房屋的安全性；另一种观点是要求性能提高一级进行设计，虽然这种设计方法会增加建设投资，但是可以从本质上提高房屋的设防水准，增加结构的安全性。

我国目前的《建筑工程抗震性态设计通则》（试用）中有关性能设计的思想是依据上述后一种性能设防水准的思想，也就是要求性能相对于抗震规范来说提高一级进行设计。随着经济的发展和人们生活水平的提高，人们对生活服务设施的要求也越来越高，因此在一定程度上对所居住的建筑物的安全性和舒适性的要求也慢慢地提升了。《建筑工程抗震性态设计通则》（试用）中的第 3.6.2 条规定："隔震建筑遭遇本地区的各种强度的地震影响作用时，其抗震设防目标应该高于本规范对抗震设防目标的相关规定"。《建筑工程抗震性态设计通则》（试用）第 11.1.3 条提出了隔震建筑的设防目标："按照本章规定设计的隔震房屋，在本地区抗震设防地震作用下，一般不受损坏或者不需要修理仍可保持使用功能；在本地区罕遇地震作用下可能损坏，经一般修理或者不修理仍可继续使用。"简而言之，就是《建筑工程抗震性态设计通则》（试用）本质上提出的是相对于抗震设防水准提高一级设计，即要求隔震房屋"中震不坏，大震可修"的性能水准。

性能水准是离散的状态，其划分可以借助结构或者与结构相关的非结构构件来描述。目前主要根据结构本身、物品设施、人的感官的宏观状态以及隔震支座的运行情况进行划分，大体上可以分为四种类型：充分运行、基本运行、生命安全、接近倒塌。

表 6-1 是根据隔震结构的基本力学特征和隔震支座的力学特征，把结构的性能水准划分为四类进行描述。

隔震结构性能水准的描述

表 6-1

性能水准	性能状态的描述	隔震支座继续使用的可能性
充分运行	上部结构完好，室内设施、物品完好无损，承重和非承重构件都完好，无不适感	不作处理仍然可以继续使用
基本运行	上部结构轻微受损，承重构件完好，非承重构件允许发生破坏，室内的舒适感受到影响	稍微处理后仍然可以继续使用
生命安全	承重构件轻度破坏，非承重结构较大损坏，室内人员出现较大的不适感	需要更换部分损坏的隔震支座
接近倒塌	承重构件出现裂缝，非承重结构破坏严重，结构失去使用功能	全面更换隔震支座

基于性能的设防目标其实就是建立在能够被社会所广泛接受的经济-效益的原则下，最大化地实现结构在不同地震水平作用下能达到的指定的性能水准。划

分的原则是根据结构的性能水准和不同地震风险级别的结合来实现的。在制定的思想上，它与传统的抗震设防目标存在许多不同之处，最明显的不同点在于：前者的制定考虑了社会和业主的不同个性需求，可以提出高于建筑抗震设计规范的要求，使房屋达到更好的安全性能和使用性能。因此，基于性能的隔震设计要把隔震建筑的性能表现与现行规范中规定的地震作用水准相结合，综合考虑社会、经济、效益等多方面的因素，研究对结构不同的性能水准以及在特定水准下能达到的设防目标。

结合我国抗震规范的三级地震作用水准的划分，可以把基础隔震结构的设防目标进行归类，如表 6-2 所示。

隔震结构不同设防目标的划分　　　　　　　　　表 6-2

地震作用水准	超越概率	建筑性能水准		
		充分运行	基本运行	生命安全
多遇地震	50 年 63%	B	A	A
设防地震	50 年 10%	C	B	A
罕遇地震	50 年 2%	D	C	B

表中的 A 表示无法接受的最低性能设防目标；B 表示大多数隔震建筑的性能设防目标，表达的意思就是在"多遇地震作用下，结构充分运行。在设防地震作用下，结构基本运行；在罕遇地震作用下，结构会出现危及生命安全的破坏"。C 表示的是比 B 高出一级的性能设防目标。也就是说"在设防地震作用下，结构能保持充分运行状态；在罕遇地震作用下，结构能保持基本运行状态"。D 是最高一级的性能设防目标，其对技术难度和经济的要求最高，安全性最好，由于当今隔震技术的限制，要达到 D 级设防目标的设计难度很大，所以目前的设计中基本采用的是 B 级和 C 级性能的设防目标。

6.3 三维隔震结构性能参数的选择及量化

基于性能的隔震结构设计，应当建立结构构件在不同地震作用下的容许破坏指标，才能达到预期的性能设计目标。应当指出的是，建筑物性能水准的划分不仅要参考结构本身的运行情况，还要结合非结构的运行情况。针对目前的研究条件和技术，当前基于性能的隔震设计所提出的性能目标仅仅是限制在结构的性能目标之中。基于性能的设计概念清晰、理论明确，但是表征结构隔震性能的参数仍是地震工程界领域的一个难题，目前比较常用的参数指标包括变形指标、强度指标、低循环疲劳指标、变形和能量双参数指标等，但是由于结构反应的复杂性以及地面运动的不确定性，如何确定结构在选定地震水准下的有关需求指标是比较困难的，这也成为令许多研究人员或者是设计人员感到左右为难的问题。虽然美国（SEAOC Vision 2000 Committee）、日本（建筑基准法）等都开始应用性能设计，但评价的参数过多成为其一大弊端。我国目前还没有统一的评价指标。

现阶段，用来描述结构容许破坏和使用性能的参数包括能量参数、力参数（包括剪力、轴力）、位移参数等。结构的性能参数可以只有一种，也可以有多种。隔震建筑的性能目标由结构的舒适度和变形进行控制。因此，本书在结合文献资料和规范的基础上，结合考虑三维隔震的特点，采用水平加速度、竖向加速度和倾角这三个参数来描述高层三维隔震结构的性能指标。

6.3.1 加速度指标

目前有关研究表明，考虑人对结构振动引起的反应（建筑物的舒适度问题），加速度将起到关键性的作用。为了更明确地研究基于性能的隔震设计，人们希望能够获得一个有关结构加速度响应与性能相对应的定量描述。然而目前有关资料对风荷载作用下的结构舒适问题研究得较多，对于地震作用下结构舒适度的研究资料比较少。因此本章采用我国 1999 年颁发的"地震烈度表"作为参考资料，并结合高层结构设计规范，来定量地描述基于性能的高层三维隔震建筑的性能水准与结构水平加速度的关系。楼层竖向加速度舒适度的确定参考国内外学者对结构在风作用下楼板竖向加速度舒适度的相关研究。基于国外学者的研究和我国《高层建筑混凝土结构技术规程》《建筑结构荷载规范》等资料，定量得出在不同性能水准下楼层的竖向加速度指标数值。

表 6-3 和表 6-4 分别给出了基于性能的高层三维隔震结构的水平和竖向加速度性能指标的建议值。

高层三维隔震结构性能目标的建议值——顶层最大水平加速度（m/s²）表 6-3

结构形式	性能水准			
钢筋混凝土框架结构	充分运行	基本运行	生命安全	防止倒塌
	<0.44	0.44~4.26	4.26~7.07	>7.07

高层三维隔震结构性能目标的建议值——顶层最大竖向加速度（m/s²）表 6-4

结构形式	性能水准			
钢筋混凝土框架结构	充分运行	基本运行	生命安全	防止倒塌
	<0.25	0.25~1.6	1.6~2.6	>2.6

6.3.2 倾角指标

倾角指的是隔震支座竖向运动导致结构左右晃动的角度大小。三维隔震结构中隔震支座的竖向刚度具有一定的"柔"度，用来隔离地震动竖向分量对结构的破坏。当地震发生时，三维隔震结构中布置不同的隔震支座会产生不均匀的竖向运动，不同支座不均匀的竖向运动必然会导致上部结构出现左右晃动的现象，左右晃动程度的大小与隔震支座的竖向刚度、地震的大小等因素有关。因此，基于性能的高层三维隔震结构的设计应当结合结构特有的反应，把倾角作为高层三维隔震结构性能设计的指标。目前，各国对结构倾角指标的研究较少，也没有直接的规范可采用，所以本书在参考各国层间位移角指标的基础上，提出了三维隔震结构性能设计的倾角指标。

层间位移角是目前世界上许多国家采用的用来表现结构侧向变形的参数，由于不同国家之间所采用的层间位移角限值存在偏差（通常在 1/1000～1/150 的范围内），本章参考各国的规范并且结合我国的相关规范，提出基于性能的高层三维隔震结构在不同地震水准作用下的倾角指标。表 6-5、表 6-6、表 6-7 和表 6-8 分别给出了日本、美国和我国的一些规范规定的有关层间位移角的限值。

日本地震工学会研究报告有关结构层间位移角限值　　　　　　　表 6-5

结构形式	性能水准			
	使用界限	修复界限 I	修复界限 II	安全界限
钢筋混凝土框架	1/335	1/117	1/75	1/45
钢筋混凝土抗震墙	1/631	1/146	1/102	1/67

美国 FEMA273 有关不同结构形式和不同性能水准所对应的层间位移角限值　　表 6-6

结构形式	性能水准		
	立即居住	生命安全	防止倒塌
钢筋混凝土框架	1/100	1/50	1/25
钢筋混凝土抗震墙	1/200	1/100	1/50
钢框架	1/143	1/40	1/20
钢支撑框架	1/200	1/67	1/50

我国规范的弹塑性层间位移角限值　　　　　　　表 6-7

结构类型	θ_p
钢筋混凝土框架	1/50
钢筋混凝土筒中筒	1/120
底部框架砖房中的框架-抗震墙	1/100
钢筋混凝土框架-核心筒	1/100
多、高层钢结构	1/50

我国规范的弹性层间位移角限值　　　　　　　　表 6-8

结构类型	θ_p
钢筋混凝土框架	1/550
钢筋混凝土筒中筒	1/1000
钢筋混凝土框架-核心筒	1/800
多、高层钢结构	1/300

综合考虑各国规范以及我国的相关规范规定（包括《建筑抗震设计规范》《高层建筑混凝土结构技术规程》《建筑工程抗震性态设计通则》等），在参照层间位移角指标的基础上，本章按楼层高度划分，给出在不同性能水准下三维隔震结构基于性能的倾角限值，如表 6-9。

三维隔震结构的性能目标建议值（倾角）　　　　　　表 6-9

楼层高度 h（m）	性能水准			
	充分运行	基本运行	生命安全	防止倒塌
$0<h<24$	$<1/480$	$1/480\sim1/240$	$1/240\sim1/160$	$>1/160$
$h\geqslant24$	$<0.05/h$	$0.05/h\sim0.1/h$	$0.1/h\sim0.15/h$	$>0.15/h$

6.4　隔震结构基于性能设计的条件及优点

由于人们对隔震结构安全性和舒适性要求的提高，基于性能的隔震结构设计成为研究的热点。依据现有工程设计的一般做法，结构性能设计方法可以描述为：在结构设计过程中，不对其设计方法和要求进行具体的限定，而只通过结构分析软件（比如 ANSYS、SAP2000、ABAQUS 等）对设计出的结构其最终实现的性能（主要指构件层面的应力和变形，整体层面的层间位移、加速度、剪力等参数指标）进行评估。由此可见，当采用性能设计时，设计人员拥有更大的自由发挥空间，只需通过软件验算设计出的结构性能指标是否达到所要求的水准。这个设计和验算的过程也是对设计人员的一种考验。

基于性能的抗震思想不同于传统的抗震思想，前者不仅考虑结构的受力变形，还考虑建筑结构在受力状态下的使用行为。不仅考虑结构的安全，还考虑结构的使用舒适度，对结构的使用提出更高的性能要求。隔震结构具备基于性能设计目标的条件包括以下几点：

（1）根据理论或者实验数据可以得到，采用隔震后的上部结构，当遭遇地震时，隔震结构可以通过隔震支座来消减地震的破坏作用，从而使得地震传到上部结构的能量减小，结构剪力和加速度指标都比抗震结构小，最终使结构的安全性和使用的舒适性都得到相应的提高。

（2）支座性能稳定，设计分析时简化的力学模型相对简单。改变隔震支座的参数条件，或者改变隔震层的布置方案可以得到不同的结构性能目标。

（3）隔震结构具有多级性能指标的选择，衡量隔震结构的指标有结构的能量、结构力的大小（包括结构的剪力、轴力等等）、结构加速度的大小（结构的水平加速度、竖向加速度）、结构的位移（如层间位移）以及其他的性能指标。在性能设计中，可以只改变隔震支座的参数，不改变上部结构的构造进行性能设计。

性能设计包含如下特征和优点：

（1）在不同的地震水准下，可以对特定结构的实际响应做出预测，并与具体量化的接受准则进行比对，从而保证结构在小震、中震、大震下处于相对应的接受准则的范围内，保证结构相对应地震水准下的舒适度，也保证结构的安全。

（2）可以对指定的一幢建筑给出一个明确的性能目标，这个指定的性能目标不仅可以由设计者决定，也可以由业主来决定，这体现了性能目标选择的能动性要求，有关人员应当在这个特定的结构性能目标前提下进行设计。

根据以上描述的性能设计的优点，性能化设计方法可用于以下方面：

（1）以较经济的费用达到同样的性能；

（2）检验采用传统方法建造的结构的性能水准；

（3）提供给重要建筑物更高的性能目标；

（4）设计超过传统设计规范规定范围（如结构的体系、结构所选的材料、结构的平立面布置等方面）的结构；

（5）以足够大的保证率来实现同样的性能。

6.5　高层三维隔震结构基于性能设计的流程

20 世纪 90 年代，美国学者开始提出基于性能的抗震设计思想，这种思想逐渐在全世界传播和被各国的工程界所接受。迄今为止，美国和日本在基于性能的抗震设计的研究中投入了较多的力量，基于性能的抗震设计这种技术在这两个国家发展也较好。其中，日本把基于性能的抗震设计思想纳入了本国的抗震设计新规范中，作为现代抗震设计的标准。基于性能的抗震设计是在性能水准上进行设计的，也就是希望设计出的结构在未来的地震灾害下可以处于结构所要求的性能状态和水准，达到人们事先所需要的结果。基于性能的抗震设计打破了当前基于承载力的结构抗震设计理论框架，提出了更好的性能要求，不仅保证了结构的安全，对舒适性也提出了越来越高的要求。

基础隔震作为一种新型的技术，其可以通过隔震支座的隔离来减小地震对结构的破坏，从而使结构具有更好的安全性能和使用性能。目前，我国对基于性能的基础隔震设计的研究投入还是相对较多，提出了基础隔震结构基于性能设计的基本框架。但到目前为止，依然没有人提出三维高层隔震结构的性能设计基本框架。鉴于此，本书结合隔震结构的特征，以前人对基于性能的抗震设计理论的研究为基础，提出基于性能的高层三维隔震设计的基本框架。给出整体设计思路，明确地展示性能设计的基本过程，并且对设计流程中几个重要的关键点详细阐述。

基于性能的隔震结构设计其实就是在基于性能的抗震设计的基础上发展起来的，基于性能的隔震设计与基于性能的抗震设计相比，最重要的区别在于基于隔震设计可以把重点放在隔震层的设计上，而抗震设计只把重点放在结构设计上。

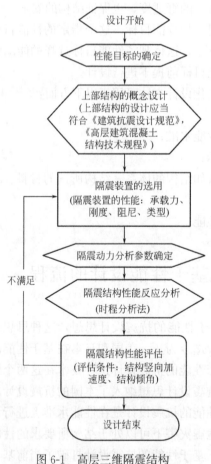

所以本书对基于性能的高层三维隔震设计的关键点也在于对隔震层的设计。而影响隔震层的主要因素之一是隔震支座的参数，所以后文对于基于性能的高层三维隔震结构设计的主要研究内容也放在了隔震支座参数设计上。

本书提出基于性能的高层三维隔震结构的设计框架，具体的设计流程如图6-1所示。从设计流程图中可以直观地看出，基于性能的高层三维隔震结构的设计主要包括4点内容：性能目标的确定、上部结构的概念设计、隔震层的设计以及隔震结构性能评估。

6.5.1　隔震结构的性能目标

隔震结构的性能目标，指的是在不同的地震水准作用下，结构应该达到某种指定的运行水准，也可以说是设计人员或者业主希望结构达到哪种破坏程度的限值。基于性能的隔震设计的前提就是确定隔震结构的性能目标，只有确定了性能目标才能进行后续工作。性能目标的选择与建筑物的重要性相关联，由

图6-1　高层三维隔震结构
基于性能设计的流程

于当今技术水平的限制，性能目标的确定不能太过于高。随着生活水平的提高，人们对于所居住的建筑物的安全性、可靠度和舒适性的要求也越来越高，而随着隔震技术的诞生，这一要求的实现渐渐成为可能。在地震发生时，隔震结构上安装的隔震支座可以消减地震的破坏力，传到结构上部的能量大幅度减小，可以提高结构的安全性和舒适性。因此，采用隔震技术可以提高结构的设防目标。另外，业主对于建筑的要求也有一定的选择权，结构工程师在现有的技术水平上，应使所设计的结构能满足业主所期待的性能水准，同时也满足有关规范的规定。隔震结构性能目标的确定流程图如图 6-2 所示。

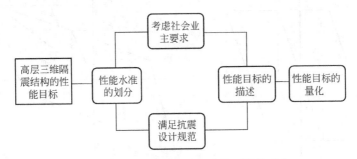

图 6-2　高层三维隔震结构性能目标的确定

6.5.2　上部结构的概念设计

上部结构即为隔震层以上的结构部分。在进行隔震设计，尤其是基于性能的隔震设计时，应首先对上部结构进行设计。上部结构的概念设计也是基于性能设计的关键环节，它是依据工程经验和规范来进行设计的，应当满足《建筑抗震设计规范》和其他相关的规范。上部结构的概念设计对于不同的隔震性能目标应该选取相应的结构体系、结构平面、结构立面以及结构材料等。上部结构设计的好坏也是影响最终隔震性能实现的重要因素之一。为了避免结构刚度的突变和结构偏心带来的不利影响，在进行隔震上部结构设计时，一般所设计的结构应为整体规则的结构模型。上部结构的概念设计需考虑结构所需要的材料种类进行定性选择。选择合适的建筑材料种类和尺寸能够在一定程度上提高结构的综合抗震性能；选择合适的结构体系，能更好地提高隔震结构的性能目标。

6.5.3　隔震层的设计

隔震层的设计是进行隔震设计的关键，而隔震层的设计很大程度上体现在隔震支座的选取。为保证隔震建筑结构分析的准确性，在用 ANSYS 软件数值模拟之前，需要对隔震支座选用合理的力学模型。三维隔震支座可以分为两部分，一部分为水平隔震，另一部分为竖向隔震。

对于三维隔震水平部分的力学模型可以简化为用双线性模型表示。双线性模型是目前一种很常用的隔震支座模型，由于其具有较好的合理性、简便性以及直观性，所以这种模型代替隔震力学模型而被广泛运用在隔震结构的分析中。双线型模型可以分为三种类型：具有负刚度特性、线性强化以及理想弹塑性模型。目前，后两种的分析模型在隔震支座的力学分析中应用得比较普遍，其模型图如图6-3所示。

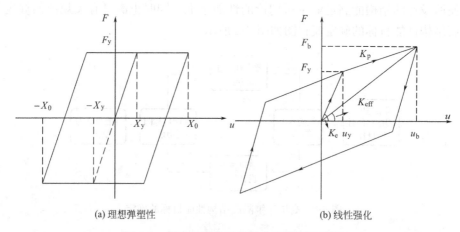

(a) 理想弹塑性　　　　　　　　(b) 线性强化

图 6-3　两种弹塑性双线性分析模型示意图

图中，K_e 为屈服前的刚度，F_y 为屈服力，K_p 为屈服后的刚度，u_y 为屈服的位移，F_b 为隔震支座恢复力，u_b 为隔震支座位移。

双线性模型中的力与位移关系可以表示为：

$$\begin{cases} F_b = K_e u_b & (u_b < u_y) \\ F_b = \alpha K_e u_b + (1-\alpha) F_y & (u_b > u_y) \end{cases} \tag{6-1}$$

结合图6-3和式（6-1），可以得出隔震支座的水平向参数，其包括屈服前刚度、屈服力、阻尼比、屈服后刚度。

三维隔震支座的竖向刚度为 K_v，所依据的选取原则是：所选取的刚度在保证能支撑上部结构重量的前提下，具有较好的竖向隔震性能，并且可以实现隔震后整体结构较好的舒适性。选取三维隔震支座的参数后，即可进行隔震支座的布置。

6.5.4　隔震结构性能评估

隔震结构的性能评估是检验基于性能设计的最后一个环节，即隔震性能的好坏需要通过评估来体现。本书通过 ANSYS 有限元软件对设计的三维隔震结构进行非线性分析，评估其隔震性能，这是基于性能的三维隔震设计的重要步骤，也是评价所设计出来的隔震结构抗震等级是否满足性能指标的重要保证。目前普遍采用楼层水平向加速度和层间位移指标作为性能指标的控制参数，结合三维隔震本身的特点，由于需要进行竖向隔震，所以应当把竖向隔震的效果与结构在地震作用下倾角反应的综合指标作为重点的评价指标，来作为评判三维隔震结构性能好坏的标准。最终选择水平加速度、竖向加速度以及结构的倾角指标作为高层三维隔震结构设计的性能指标。

6.6　本章小结

综上所述，本章结合各国规范将隔震的性能目标进行量化。为了直观地表达基于性能设计的步骤和要点，将基于性能的三维隔震结构设计用流程图表示出来。

本章研究得到以下几点结论：

（1）隔震结构具备基于性能设计的条件，在进行性能设计时，改变隔震支座的参数条件，或改变隔震层的布置方案可以得到不同的结构性能目标。

（2）在进行基于性能的高层三维隔震设计时，将水平加速度、竖向加速度和倾角三个指标作为性能参数，优选合理的隔震支座竖向刚度。在竖向隔震效果和倾角两个指标中权衡优化，既要保证竖向隔震的效果，也要保证足够的舒适度。

（3）基于性能的隔震结构设计主要在于上部结构的设计和隔震层的设计，本书通过隔震层设计来使结构达到预定的性能目标。隔震支座刚度的选用对隔震结构隔震效果和隔震结构的性能有较大的影响。

第7章

基于性能的高层三维隔震结构设计分析

7.1 引言

本章选择一幢12层的高层建筑结构作为有限元模型，提出在罕遇地震作用下，结构的水平加速度、竖向加速度和结构倾角三种性能指标应当满足的基本运行水平。

三维隔震具有竖向的隔震性能，当地震发生时，可以隔离地震的竖向分量，保证隔震结构具有更好的舒适性。在本章设计中，首先确定三维隔震支座水平向参数，确保水平加速度性能指标在基本运行的水平上，然后以三维隔震支座竖向刚度作为研究对象，在保证三维隔震结构具有较好的竖向隔震效果以及不出现过大的倾角的基础上进行基于性能的高层三维隔震设计。

7.2 结构模型及参数

7.2.1 结构模型

数值分析所用模型为一幢12层框架结构，二类场地，为乙类建筑，结构的首层层高为6m，其余各层层高为3m，结构模型的实际高度为39m，长轴方向有等距的3跨，每跨长度为6m，短轴方向有等距的2跨，每跨长度为5m。

结构的主要构件和截面尺寸如表7-1所示。为了计算方便，钢筋混凝土的密度统一设置为 $2500kg/m^3$，泊松比为0.2，弹性模量为混凝土的弹性模量。结构的有限元模型如图7-1所示。

结构主要构件的相关参数 表7-1

主要构件	混凝土强度等级	截面尺寸(mm)	弹性模量 E(MPa)
底层柱	C40	500×500	3.25e^{10}
标准层柱	C40	450×450	3.25e^{10}
梁	C40	500×250	3.25e^{10}
楼板	C40	100	3.25e^{10}

根据结构特点和建筑的功能，采用隔震技术后，在地震发生时，隔震支座

可以隔离地震传到结构的能量，相应地减
小地震对结构的破坏和损伤，从而使结构
具备较好的安全性，可以有效地维持结构
本身的性能。本章研究的结构模型刚度均
匀，故采用基础隔震进行设计。隔震支座
布置在结构每根柱子的底部，安装隔震支
座后的建筑平面图如图 7-2 所示。

模型为框架结构，用 ANSYS 软件模拟
时，结构的柱和梁单元均采用 BEAM 188
单元。此单元适合分析细长的梁，单元基于
Timoshenko 梁理论，该理论既能运用于线
性分析，也可以用于非线性分析，具有扭切
变形的效果。

隔震支座为三维隔震支座，具有水平和
竖向的隔震效果。在 ANSYS 软件中，没有

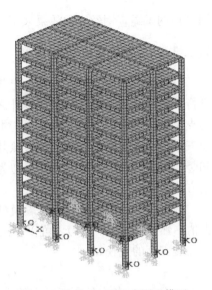

图 7-1　结构 ANSYS 有限元模型

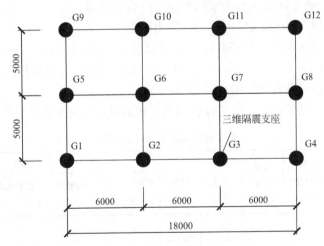

图 7-2　隔震支座的布置

相匹配的三维隔震单元，所以采用弹簧单元来模拟隔震的效果：水平两个方向采
用 COMBIN 40 单元模拟，竖直方向采用 COMBIN 14 单元模拟。此研究结构具
有 12 根柱子，在每个柱子底部的节点上复制三个无长度的虚拟节点，第一个虚
拟节点与原节点连接 COMBIN 40 单元，单元方向指定为 x 方向；第二个虚拟节
点与原节点连接 COMBIN 40 单元，单元方向指定为 y 方向；第三个虚拟节点与
原节点连接 COMBIN 14 单元，单元方向指定为 z 方向，这就模拟出了每个柱子
都连接具有三维隔震效果的隔震支座，隔震支座水平和竖向耦合。在隔震支座外

围添加钢丝绳，钢丝绳的效果采用 ANSYS 特有的"生死功能"进行模拟。

7.2.2 三维隔震支座的参数

三维隔震支座分为两部分，上部为水平隔震部分，下部为竖向隔震部分。在进行基于性能的高层三维隔震设计之前，应当确定隔震支座的各个参数。三维隔震支座的设计可参考第 2 章。由于本书研究的三维隔震支座没有制成的产品，因而三维隔震支座的参数确定可参照其他的隔震支座。三维隔震支座可以分为水平和竖向两个部分，水平向可以近似为铅芯橡胶隔震支座，因此水平向的参数的确定方法如下：

根据已建好的 ANSYS 抗震模型，提取出在重力代表值下结构各个柱子的轴力值，然后依据式（7-1），可以求出隔震支座的受压面积，相应地就可以求出所需隔震支座的直径 d。

$$G_i/A_i \leqslant [\sigma] \tag{7-1}$$

式中　G_i——各个柱子所承受的重力荷载代表值；

　　　A_i——相应柱子下所安装的隔震支座的有效面积；

　　G_i/A_i——各个隔震支座的竖向平均压应力设计值；

　　　$[\sigma]$——橡胶隔震支座的平均压应力限值。

结构模型的体积为 $v = 456.40\text{m}^3$，密度为 $\rho = 2500\text{kg/m}^3$，经计算可知结构的总质量 $m = \rho v = 456.40 \times 2500 = 1.14 \times 10^6\ \text{kg}$。依据橡胶隔震支座的竖向平均压应力限值，选取隔震支座的直径为 400mm。

根据厂家提供的数据，铅芯橡胶隔震支座的具体参数如表 7-2 所示。

铅芯橡胶隔震支座性能参数　　　　　　　表 7-2

地震影响	橡胶总厚度 (mm)	支座高度 (mm)	第一形状系数	第二形状系数	水平力学性能			
					屈服后刚度 K_d(kN/m)	屈服力 Q_d(kN)	水平刚度 K_d(kN/m)	阻尼比 ξ_{eq}(%)
设防地震	68.6	132.6	22.6	4.8	717.9	40.2	1245	27.5
罕遇地震	68.6	132.6	22.6	4.8	643.2	40.2	856.6	16.9

注：设防地震对应的水平力学变形为 $\gamma = 100\%$，罕遇地震对应的水平力学变形为 $\gamma = 250\%$。

此次性能分析选择的地震动为 8 度罕遇地震动，所以三维隔震支座水平向的屈服后刚度为 $K_d = 0.643\text{kN/mm}$，屈服前刚度为 $K_u = K_d/0.089 = 7.225\text{kN/mm}$，屈服力为 $Q_d = 40.2\text{kN}$，竖向刚度为 $K_v = 1221\text{kN/mm}$。

本章研究三维隔震支座竖向刚度对性能的影响，选择三维隔震支座的竖向刚度分别为 10kN/mm、20kN/mm、40kN/mm、60kN/mm、120kN/mm 五种不同情况。

7.3　高层三维隔震结构性能分析

7.3.1　地震动的选取

《建筑抗震设计规范》规定可知，在采用时程分析方法对结构进行分析时，应当根据建筑场地类别以及设计地震分组选择实际的强震记录和人工模拟的加速度时程曲线，其中选择实际强震记录的数量不应少于总数量的 2/3。本章研究采用的三组地震动为 El Centro 波（$N\text{-}S$，1940 年）、Taft 波和一组人工波，对三维高层隔震结构进行地震作用下的时程分析，三条波的加速度时程曲线如图 7-3、图 7-4 和图 7-5 所示。分析时将地震动加速度峰值调为 400cm/s^2，即 8 度罕遇地震的水平，输入的三向比值为 $X : Y : Z = 1 : 0.85 : 0.65$。

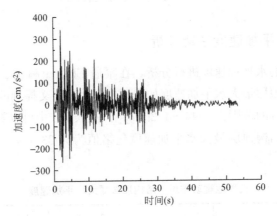

图 7-3　El Centro 波加速度时程曲线

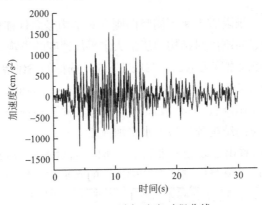

图 7-4　Taft 波加速度时程曲线

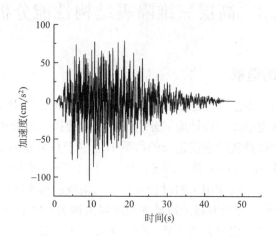

图 7-5　人工波加速度时程曲线

7.3.2　结构水平加速度性能分析

首先对结构的水平加速度进行分析，在罕遇 El Centro 波、Taft 波和人工波的作用下，结构顶层最大水平加速度如表 7-3 所示。前文提到的结构顶层最大水平加速度基本运行的范围为 0.44~4.26m/s²。从表 7-3 中可以看出，结构在罕遇地震动作用下，结构顶层最大水平加速度包络值为 4.23m/s²，满足水平加速度基本运行的范围。

三种地震动作用下结构顶层最大水平加速度　　　　　　　　　　　　表 7-3

地震动	El Centro 波	Taft 波	人工波	包络值[a]
顶层最大水平加速度(m/s²)	4.06	4.23	4.20	4.23

为了后续研究三维隔震支座不同竖向刚度对结构竖向性能的影响，首先分析三维隔震支座不同竖向刚度对结构顶层最大水平加速度的影响。LRB400 的铅芯橡胶隔震支座的初始竖向刚度为 K_v=1221kN/mm，选择的三维隔震支座 5 种不同的竖向刚度分别为 10kN/mm、20kN/mm、40kN/mm、60kN/mm、120kN/mm。表 7-4 给出了 El Centro 波、Taft 波和人工波这三种罕遇地震动作用下，不同隔震支座竖向刚度对应的结构顶层最大水平加速度。

从表 7-4 中可以看出，改变三维隔震支座的竖向刚度，得到的结构顶层水平加速度的最大值与原支座竖向刚度下结构顶层的水平加速度最大值偏差不大，偏差最大仅为 4.93%，且隔震支座不同竖向刚度对应的结构顶层水平加速度最大值都在 0.44~4.26m/s² 范围内，满足水平加速度基本运行的水准。

结构顶层最大水平加速度　　　　　　　　　　表 7-4

三维隔震支座竖向刚度（kN/mm）	El Centro 波		Taft 波		人工波	
	顶层水平加速度（m/s²）	与原刚度加速度偏差	顶层水平加速度（m/s²）	与原刚度加速度偏差	顶层水平加速度（m/s²）	与原刚度加速度偏差
10	3.86	4.93%	4.22	0.24%	4.18	0.48%
20	3.91	3.69%	4.20	0.71%	4.09	2.62%
40	4.05	0.25%	4.23	0.00%	4.19	0.24%
60	4.06	0.00%	4.23	0.00%	4.18	0.48%
120	4.04	0.49%	4.24	0.24%	4.18	0.48%
1221(原值)	4.06	—	4.23	—	4.20	—

7.3.3　三维隔震支座压应力验算

隔震支座压应力验算是保证支座上部结构安全的重要措施之一，应当满足抗震规范的相应要求，平均压应力设计值应该按可变荷载和永久荷载组合计算（0.5×活载＋1.0×恒载），表 7-5 给出了隔震支座的平均压应力。

隔震支座平均压应力　　　　　　　　　　表 7-5

支座编号	直径(mm)	所受压力(10^6N)	平均压应力(MPa)
隔震支座 G1	400	−0.68	−5.4
隔震支座 G2	400	−0.99	−7.9
隔震支座 G3	400	−0.99	−7.9
隔震支座 G4	400	−0.68	−5.4
隔震支座 G5	400	−0.91	−7.2
隔震支座 G6	400	−1.40	−11.1
隔震支座 G7	400	−1.40	−11.1
隔震支座 G8	400	−0.91	−7.2
隔震支座 G9	400	−0.68	−5.4
隔震支座 G10	400	−0.99	−7.9
隔震支座 G11	400	−0.99	−7.9
隔震支座 G12	400	−0.68	−5.4

从表 7-5 可以看出，在重力荷载代表值作用下，支座的竖向平均压应力最大为 11.1MPa，小于规范规定的限值 12MPa，满足规范对乙类建筑的要求。同时

结构布置比较规则，隔震层刚心和结构质心重合，不易造成偏心的影响，结构整体具有较好的稳定性。

7.3.4 三维隔震支座水平位移验算

根据《建筑抗震设计规范》规定，隔震结构在罕遇地震下，进行隔震支座水平位移验算，应符合下列要求：

$$u_i \leqslant [u_i] \tag{7-2}$$

$$u_i = \eta_i u_c \tag{7-3}$$

式中　u_i——第 i 个隔震支座考虑扭转的水平位移；

　　$[u_i]$——第 i 个隔震支座水平位移限值，不超过 0.55 倍有效直径和 3.0 倍橡胶总厚度的最小值；

　　η_i——第 i 个隔震支座扭转影响系数；

　　u_c——隔震层质心处或不考虑扭转的水平位移。

本文所采用 5 种不同的隔震支座，其竖向刚度大小分别为 10kN/mm、20kN/mm、40kN/mm、60kN/mm、120kN/mm。在罕遇三向地震动作用下三维隔震支座的水平位移最大值如表 7-6 所示。

罕遇三向地震下隔震层水平位移最大值 (mm)　　　　　　表 7-6

竖向刚度	El Centro 波	Taft 波	人工波
10kN/mm	117	87	129
20kN/mm	138	96	160
40kN/mm	141	99	172
60kN/mm	143	100	175
120kN/mm	145	101	178

由表 7-6 可知，在保证三维隔震支座水平刚度不变的前提下，三维隔震支座的竖向刚度越大，隔震支座的水平位移也越大。表 7-7 为隔震层的水平位移验算结果。从表 7-7 可以看出，隔震支座水平位移包络值为 205mm，小于允许值 $[u_i] = 205.8$mm，满足《建筑抗震设计规范》的要求。

隔震层水平位移验算　　　　　　表 7-7

地震动	隔震层位移 $\eta_i u_c$ (mm)
El Centro 波	167
Taft 波	116
人工波	205
包络值	205
$[u_i]$	205.8

7.3.5 不同竖向隔震刚度的隔震结构性能分析

选择合理的三维隔震支座竖向刚度，是使结构达到明显的隔震效果和性能目标的关键。在进行分析时，不改变水平向的参数，仅改变三维隔震支座的竖向刚度，在 El Centro 波、Taft 波和人工波作用下，隔震支座不同竖向刚度对结构的顶层竖向加速度响应影响如表 7-8 所示。可知，随着隔震支座竖向刚度的减小，结构顶层加速度值也越来越小，竖向隔震效果越来越明显，竖向加速度最大值为 2.48m/s^2。

隔震支座竖向刚度对顶层竖向加速度的影响　　　　　　　　表 7-8

三维隔震支座竖向刚度(kN/mm)	顶层竖向加速度(m/s²)		
	El Centro 波	Taft 波	人工波
10	1.21	1.18	1.12
20	1.37	1.42	1.34
40	1.53	1.60	1.55
60	1.72	2.01	1.78
120	2.42	2.48	2.42

根据三维隔震机理可知，三维隔震支座通过减小隔震支座的竖向刚度，使隔震支座在竖向更"柔"，即地震能量在竖直向上部结构传递的过程中，通过隔震支座竖向的柔性隔离掉部分能量，从而降低上部结构接受的地震能量。地震能量的减小不仅可以减小外力对结构的损坏，而且可以避免过大能量引起的楼层竖向振动对人的感官产生干扰，从而提高结构整体的安全性和舒适性。

三维隔震支座竖向刚度越小，即意味着地震发生时，隔震支座的竖向位移越大。在 El Centro 波、Taft 波和人工波作用下，不同竖向刚度三维隔震支座的竖向位移如表 7-9 所示。

隔震支座竖向刚度对竖向位移的影响　　　　　　　　表 7-9

三维隔震支座竖向刚度(kN/mm)	竖向位移(mm)		
	El Centro 波	Taft 波	人工波
10	6.10	4.49	6.45
20	4.25	2.53	4.27
40	2.27	1.35	2.46
60	1.60	0.93	1.71
120	0.81	0.46	0.87

随着三维隔震支座竖向刚度的减小，上部结构的竖向加速度越来越小，隔震

效果也越来越明显。然而，随着隔震支座刚度的减小，隔震支座竖向位移也会越来越大，使三维隔震结构出现较大的倾角，而倾角过大会严重影响结构使用的舒适度甚至安全性。表 7-10 给出了在 El Centro 波、Taft 波和人工波作用下，高层三维隔震结构在不同支座竖向刚度下两个方向的最大倾角。

隔震支座竖向刚度对结构倾角的影响　　　　　　　　　表 7-10

三维隔震支座竖向刚度 (kN/mm)	El Centro 波		Taft 波		人工波	
	X 向	Y 向	X 向	Y 向	X 向	Y 向
10	1/265	1/250	1/428	1/263	1/237	1/154
20	1/450	1/294	1/750	1/416	1/428	1/232
40	1/857	1/455	1/1286	1/714	1/783	1/400
60	1/1286	1/660	1/2000	1/1000	1/1200	1/588
120	1/2571	1/1250	1/3000	1/2000	1/2250	1/1111

由表 7-10 可知，随着隔震支座竖向刚度的减小，在三向地震作用下隔震结构在两个方向摆动的幅度增大，也就是隔震结构的倾角反应增大，且隔震结构的 Y 向倾角大于 X 向倾角。由于三维隔震支座水平隔震参数保持不变，在不同竖向刚度下结构楼层的水平加速度大小在 $3.5\sim3.9\mathrm{m/s^2}$ 之间，变化幅度不大。

前文把顶层最大水平加速度、竖向加速度和结构倾角三个指标作为高层三维隔震结构的性能指标。不同性能水准对应的竖向加速度指标如表 7-11 所示。由本章的建筑设计方案可知，结构的总高度为 39m，进行换算量化得到不同性能水准对应的倾角指标如表 7-12 所示。

高层三维隔震结构性能目标建议值——顶层最大竖向加速度（$\mathrm{m/s^2}$）　表 7-11

结构形式	性能水准			
	充分运行	基本运行	生命安全	防止倒塌
钢筋混凝土框架结构	<0.25	0.25～1.6	1.6～2.6	＞2.6

高层三维隔震结构性能目标建议值——倾角　　　　　　　表 7-12

充分运行	基本运行	生命安全	防止倒塌
<1/780	1/780～1/390	1/390～1/260	＞1/260

在罕遇三向地震动作用下，为了保证三维隔震结构具有较好的竖向地震加速度控制效果，同时不宜出现过大的结构倾角，保证其具有较好的舒适度，以及性能水准应当满足基本运行的水平，本章在综合考虑后选用竖向刚度为 40kN/mm 的三维隔震支座。El Centro 波作用下结构顶层竖向加速度最大值为 $1.53\mathrm{m/s^2}$，Taft 波作用下为 $1.60\mathrm{m/s^2}$，人工波作用下为 $1.55\mathrm{m/s^2}$。竖向加速度在 0.25～

$1.6m/s^2$ 之间，满足竖向加速度指标在基本运行的水平范围内。

当选用竖向刚度大小为 40kN/mm 的三维隔震支座时，结构倾角指标在 El Centro 波作用下最大值为 1/455，Taft 波作用下为 1/714，人工波作用下为 1/400。倾角指标在 1/780～1/390 之间，满足倾角指标在基本运行的水平范围内。

因此，当选用 LRB400 的铅芯橡胶隔震支座的水平参数、竖向刚度大小为 40kN/mm 的三维隔震支座时，结构的顶层最大水平加速度、竖向加速度与结构的倾角都在基本运行的性能水准中，满足多重的性能指标。

7.4　本章小结

综上所述，本章进行高层三维隔震结构基于性能的设计分析，以三维隔震支座的竖向刚度为主要研究内容进行分析，得到以下主要结论：

（1）基于性能隔震设计的关键点之一是隔震层的设计，本书对高层三维隔震进行基于性能的结构设计时，选取三维隔震支座竖向刚度作为研究对象开展研究，以竖向隔震效果和竖向隔震后隔震支座引起的结构倾角为性能目标进行优化选择，最终实现高层三维隔震结构具有较好的舒适度。

（2）基于性能的隔震设计应当与《建筑抗震设计规范》中隔震设计的要点相匹配，应进行隔震结构支座压应力验算和罕遇地震下的隔震支座的水平位移验算。

（3）本章首先确定三维隔震支座的水平向参数，然后以 5 种不同的三维隔震支座竖向刚度进行数值分析，选择竖向刚度为 40kN/mm 的三维隔震支座，能够满足罕遇地震作用下多重指标基本运行的水平。

▪ 参考文献 ▪

［1］ 江宜城，唐家祥.多维地震动作用下基础隔震结构地震响应分析［J］.工程抗震与加固改造，2002（2）：1-6.

［2］ 李小军.中国强震记录汇报：汶川 8.0 级地震余震流动台站观测未校正加速度记录［M］.北京：地震出版社，2009.

［3］ Kitamura S，Morishita M. Design Method of Vertical Component Isolation System［C］// ASME 2002 Pressure Vessels and Piping Conference. 2002：55-60.

［4］ Kageyama，M，et al. Development of cable reinforced 3-dimensional base isolation air spring. In：ASME 2002 Pressure Vessels and Piping Conference. American Society of Mechanical Engineers，2002：19-25.

［5］ Myslimaj，B，et al. Seismic behavior of a newly developed base isolation system for houses. Journal of Asian Architecture and Building Engineering，2002，1.2：2＿17-24.

［6］ 熊世树.三维基础隔震系统的理论与试验研究［D］.华中科技大学，2004.

［7］ 魏陆顺，周福霖，任珉，等.三维隔震（振）支座的工程应用与现场测试［J］.地震工程与工程振动，2007，27（3）：121-125.

［8］ 李雄彦.摩擦-弹簧三维复合隔震支座研究及其在大跨机库中的应用［D］.北京工业大学，2008.

［9］ 赵亚敏，苏经宇，陆鸣.组合式三维隔震支座力学性能试验研究［J］.工程抗震与加固改造，2010，32（1）：57-62.

［10］ 张永山，颜学渊，王焕定，等.三维隔震抗倾覆支座力学性能试验研究［J］.工程力学，2009，26（增刊 I）：124-129.

［11］ 颜学渊，张永山，王焕定，等.三类三维隔震抗倾覆支座力学性能试验研究［J］.振动与冲击，2009，28（10）：49-53.

［12］ 颜学渊，张永山，王焕定，等.三维隔震抗倾覆结构振动台试验［J］.工程力学，2010，27（5）：91-96.

［13］ 熊仲明，王清敏，丰定国，等.多层基础滑移隔震房屋滑动抗倾覆稳定性判定［J］.西安建筑科技大学学报（自然科学版），1998（3）：287-289.

［14］ 吴香香，李宏男.竖向地震动对基础隔震结构高宽比限值的影响［J］.同济大学学报（自然科学版），2004，32（1）：10-14.

［15］ 祁皑，范宏伟.基于结构设计的基础隔震结构高宽比限值的研究［J］.土木工程学报，2007，40（4）：13-20.

［16］ 祁皑，林云腾.添加钢筋提高隔震结构高宽比限值的研究［J］.地震工程与工程振动，2005，25（1）：120-125.

［17］ 王伟刚，盛宏玉.隔震结构考虑动力影响的抗倾覆研究［J］.合肥工业大学学报（自然科学版），2005，28（1）：68-70.

［18］ 付伟庆，刘文光，魏路顺.大高宽比隔震结构模型水平向振动台试验［J］.沈阳建筑大学

学报：自然科学版，2005，21（4）：320-324.

[19] Otani S. Recent developments in seismic design criteria in Japan［C］//Memorias 11th World，Conference on Earthquake Engineering，CDROM. 1996.

[20] Otani S. Development of performance-based design methodology in Japan［J］. Seismic Design Methodologies for the Next Generation of Codes，1997：59-67.

[21] Ismail M，Rodellar J，Ikhouane F. Performance of structure-equipment systems with a novel roll-n-cage isolation bearing［J］. Computers & Structures，2009，87（23-24）：1631-1646.

[22] Abrishambaf A，Ozay G. Effects of isolation damping and stiffness on the seismic behaviour of structures［C］//Proceedings of the European conference of chemical engineering，and European conference of civil engineering，and European conference of mechanical engineering，and European conference on Control. World Scientific and Engineering Academy and Society（WSEAS），2010：76-81.

[23] 郭永恒. 基础隔震结构基于性能的设计方法研究［D］. 广州大学，2007.

[24] 赵玉成. 基于性能的隔震加固实用设计方法研究［D］. 北京工业大学，2007.

[25] 朱海华. 基于性能的隔震结构非结构构件抗震性能研究［D］. 北京工业大学，2006.

[26] 胡继友. 基于性能的摩擦摆基础隔震结构抗震性能研究［D］. 郑州大学，2011.

[27] 郝娜. 橡胶垫基础隔震结构基于性能的抗震评估方法［D］. 西安建筑科技大学，2007.

[28] 刘鹏飞，刘伟庆，王曙光，等. 基于性能的基础隔震结构设计基本框架［J］. 四川建筑科学研究，2010，36（4）：153-157.

[29] 林凯. 基础隔震结构性能化设计指标研究［D］. 华中科技大学，2015.

[30] 弗雷克利，佩恩，杜承泽. 橡胶在工程中应用的理论与实践［M］. 北京：化学工业出版社，1985.

[31] 付伟庆. 磁流变智能隔震与橡胶垫高层隔震的理论与试验研究［D］. 哈尔滨工业大学，2005.